贵乾半细毛羊

申小云 等 著

中国农业出版社
北 京

FOREWORD 前言

贵乾半细毛羊原名贵州半细毛羊，是申小云、李孟年、曾宪昌等专家历时多年的研究成果，是在贵州省毕节市高寒山区冷湿气候环境条件下，采用多品种杂交育成的56～58支半细绵羊新品种，具有体型大、产毛量高、羊毛品质好、生长发育快、适应性较强等特点。贵乾半细毛羊新品种的育成为贵州民族地区的经济社会发展做出了巨大贡献。

本书从半细毛羊的形成历史、发展现状及前景开始，到贵乾半细毛羊的选育背景、品种形成、鉴定方法、特征特性、功能基因研究、管理方法、防疫手段等全面系统地介绍了数十年对贵乾半细毛羊的研究。其中，贵乾半细毛羊选育、贵乾半细毛羊的特征特性及功能基因研究等章节重点讲述了对贵乾半细毛羊的研究成果。

2008年以来支撑该研究的主要科技项目包括国家重点研发计划专题、国家现代农业产业技术体系项目、贵州省优秀科技人才省长专项资金、贵州省优秀教育人才省长专项资金、贵州省重点研发计划和贵州省自然基金等16个项目，这些项目均由申小云教授团队完成，参与研究工作和著作撰写工作的主要人员包括申小云、汪代华、李孟年、曾宪昌、胡茂、陈华丽、宋德荣、蒋会梅、李光疑、赵云川、何光明、朱冠群等。本书适合从事相关研究领域的科研工作者与专业管理人员阅读参考，其中贵乾半细毛羊鉴定、贵乾半细毛羊饲养管理和贵乾半细毛羊疫病防治等内容实践操作性强，适合从事绵羊养殖和管理的技术人员阅读参考。

著　者

2024年3月29日

CONTENTS
目录

第一章　半细毛羊品种形成及产业发展概况

目前，我国育成的半细毛羊品种均由地方绵羊品种与其他绵羊品种进行复杂杂交育成。比如，贵乾半细毛羊是以山谷型藏绵羊（粗毛型）为基础，与考力代羊、新疆细毛羊和苏联美利奴羊等多个绵羊品种进行复杂杂交育成；青海高原半细毛羊是以茨盖羊和新疆细毛羊为父本，与当地藏羊（蒙古羊）母羊进行多元杂交育成；云南半细毛羊是以长毛种半细毛羊（罗姆尼、林肯等）为父本、当地粗毛羊为母本，进行级进杂交再横交固定而育成；内蒙古半细毛羊由新疆细毛羊、阿尔泰细毛羊、莎力斯克细毛羊、茨盖羊、林肯羊和罗姆尼羊等绵羊进行复杂杂交培育而成；彭波半细毛羊是以西藏河谷型藏绵羊为母本、新疆细毛羊和茨盖羊为父本，采用开放式核心群育种的方法育成；凉山半细毛羊是先引进新疆细毛羊、苏联美利奴羊等优良细毛品种与本地藏羊进行杂交，后又引进边区莱斯特羊、林肯羊等半细毛羊品种进行杂交育成；象雄半细毛羊是以高原型藏绵羊为母本，以新疆细毛羊和茨盖羊为父本培育而成。可见，要了解半细毛羊就需要从绵羊的品种及其起源驯化开始。了解绵羊的遗传进化，特别是半细毛羊的发展历程、发展现状，可以更好地了解半细毛羊的特征特性及发展。

第一节　绵羊种质资源及形成历史

一、绵羊的起源和驯化

（一）绵羊的起源

绵羊在动物分类学上属偶蹄目（Artiodactyla）牛科（Bovidae）羊亚科（Caprinae）绵羊属（*Ovis*），是世界上仅次于犬和山羊驯化较早的畜种。根据考古学、解剖学证据及外貌形态特征，许多学者推断绵羊的驯化地点位于世界上动物驯养和植物栽培的较大中心之一，即近东地区以肥沃月湾而著称的半月形区域，距今8 000～9 000年。在长期驯化中，有几个野生绵羊种或亚种对现代家绵羊的形成产生过重要影响，其中包括盘羊（*O. ammon*）、摩弗伦羊

(*O. musimon*)、赤盘羊(*O. orientalis*)和大角羊(*O. canadensis*)。

目前，全世界至今还生活着各种野生绵羊。研究者通过对野生型和家养型绵羊的诸多特征进行比较，普遍认为家绵羊主要起源于南欧、北非、小亚细亚和中亚等地区。

研究表明，与家绵羊血缘关系最近的野生绵羊祖先为摩弗伦羊。分布在欧洲和亚洲的野生摩弗仑羊的染色体与家绵羊的一致，欧洲和亚洲的家绵羊可能来源于野生的摩弗伦羊，美洲绵羊可能是欧洲绵羊的后裔，非洲绵羊是经埃及传入北非的西亚绵羊的后裔。

有学者认为，中国可能是家绵羊的起源中心之一。据不完全统计，中国考古发掘的羊遗骸遗存，包括羊骨、陶羊、陶羊圈、羊头饰等，遍及中国22个省份，广泛分布于中国黄河、长江、珠江、黑龙江流域和西北、西南地区。

(二) 绵羊的驯化

现代的绵羊都是由野生的绵羊经过长期驯化而来的，绵羊是人类驯养较早的动物之一。近年来，国际上利用内源性逆转录病毒(Endogenousretroviruses, ERVs)标记技术对绵羊的驯化历史进行研究有了新的成果。2009年，*Science* 发表了多个国际科研机构合作应用ERVs作为遗传标记研究绵羊的驯化历史的重要成果。研究发现，广泛分布于欧亚和非洲的绵羊经历了两段独立的驯化迁移时期，并形成不同的逆转录病毒组合类型和形态特征。其中，第1段驯化迁移时期，人类主要以获取肉食为目的而驯养了摩弗伦羊、奥尼克羊、索艾羊、诺地卡短尾羊等古老品种；第2段驯化迁移时期，人类开始专门以获取羊毛为目的培育了具有较高产毛率的现代主要品种，这种驯化目的改变首先在西北亚出现，然后才传到欧洲、非洲和亚洲的其他地区。该研究成果不仅从遗传上区分了绵羊的古老品种与现代品种对人类不同驯养需求的满足，同时ENVs标记的应用为揭示家养动物的起源历史提供了一个新的视角和成功范例。

我国绵羊的驯化究竟始于何时，过去大多凭借文献、史书记载来研究，在陕西省西安市郊半坡村新石器时代遗址的发掘表明，绵羊在距今五六千年前已被驯化。随着考古学、人类学、动物学、遗传学以及形态学的发展研究，可从多方面比较证明其历史渊源问题。例如，各地考古发掘出的古代社会文化中有关羊的遗址越来越多，比较典型的浙江余姚河姆渡遗址、山东龙山文化遗址、河北武安磁山遗址、陕西西安半坡村遗址、内蒙古包头转龙藏遗址、河南新郑裴李岗遗址、云南元谋大墩子遗址、广西南宁遗址等出土的一批新石器时期的重要原始遗骸遗存就包括羊骨、羊骨架、羊牙床、陶羊及陶羊圈等，这都充分证明我国黄河、长江、珠江、黑龙江各流域，以至沿海地区和西北、西南等地区，在上古新石器时代，就已有养羊业，而且证明我国的绵羊不只是在一个地区被驯化，而是在时间上略有先后在几个地区各自发展起来的。根据对河北武安磁山遗址出土遗存的羊骨进行碳年代测定，可以将我国的养羊历史至少推进到 8 000 年前，因此可以确定我国绵羊的驯化时期至少也在这个时期甚至更早。

二、绵羊的遗传及进化

基因是生物遗传和变异的基础，决定着生物的遗传性状。近年来，高分辨染色体显带技术的应用，加速了染色体畸变与物种间亲缘关系、进化关系间的相关研究，动物染色体排列和核型也成为鉴别动物特征的遗传指标。因而，染色体组或染色体组型是代表绵羊种特点的稳定的遗传指标之一。当今生存的野生绵羊有 4 种形式的染色体组：52、54、56、58。人们已研究了 20 多个家养绵羊品种的染色体组，并查明所有这些品种无一例外都具有 54 条染色体。所有研究者都指出，欧洲摩弗伦羊和亚洲摩弗伦羊与家养绵羊的染色体数、单臂和双臂染色体数完全相同，认为欧洲和亚洲的家羊来源于野生摩弗伦羊，人类最初只驯养小亚细亚和地中海的摩弗伦羊，也就是亚洲和欧洲摩弗伦羊。Hiendleder 等（2002）对线粒体控制区序列的研究表明，世界范围内绵羊线粒体存在 2 种单倍体类型，绵羊有 2 个母系起源，其中欧洲的摩弗伦羊为家绵羊的母系始祖之一，其分化时间距今 37.5 万～75.0 万年，另一始祖尚待进一步研究。

蛋白质多态性是指同品种不同个体之间功能相同的蛋白质存在两种或两种以上的遗传变异体。这种多态性是由 DNA 链产生核苷酸改变而导致多肽链上氨基酸被取代造成的，可用来研究品种之间亲缘关系，考证品种的起源进化及遗传分化。孙伟等（2002）采用多种电泳技术检测了小尾寒羊、滩羊、洼地绵羊、湖羊、绵羊的编码血液蛋白酶的 20 个结构基因组上的变异，并结合国内外其他绵羊品种的已有资料，对中亚 15 个固有绵羊品种进行聚类，表明 15 个绵羊品种可以分为蒙古羊系统、藏羊系统、南亚-东南亚系统。

近年来，对欧洲、高加索及中亚地区绵羊的 mtDNA 控制区序列分析发现，现代家绵羊存在 4 个支系，其中在高加索地区绵羊发现了 4 种单倍型组，中亚地区的绵羊发现 3 种单倍型组，而在欧洲北部绵羊群体中未检测到 C 单倍型组，揭示了欧洲不是唯一的绵羊驯化地，近东也可能是驯化地区，推测可能存在由近东经俄罗斯抵达欧洲这一绵羊母系迁移路线。目前，至于支系 C 和支系 D 是母系起源还是基因渗入形成，还需要进行深入研究。

三、中国绵羊起源进化及形成历史

（一）中国绵羊品种资源及起源进化

我国绵羊品种资源丰富，《国家畜禽遗传资源品种名录》（2021 年版）收录有绵羊品种有 89 个，其中地方品种 44 个、培育品种 32 个、引入品种 13 个。

关于我国的绵羊的起源仍存争议，有学者认为，我国绵羊为双起源（赵兴波等，2002；李祥龙等，2006）；也有学者认为，我国绵羊存在 3 个母系起源（Guoetal，2005；Chenetal，2006；罗玉柱等，2005）。W. 瓦格勒（1914）通过研究将中国绵羊颅骨分为两种类型，第 1 种类型与阿卡尔羊一致，第 2 种类型与羱羊一致。阿卡尔羊栖息在里海以东的草原和哈萨克山地，它与家羊交配能繁殖后代，是长尾羊和脂尾羊的祖先。羱羊生活在亚洲山地，迄今在青藏高原尚有为数不多的羱羊，它与家绵羊交配能繁殖后代，是藏绵羊的祖先。根据我国绵羊品种的头型、角型和躯体外貌特征的不同，一般认为蒙古羊和哈萨克羊起源于阿卡尔羊，藏绵羊起源于羱羊。

陈玉林通过对中国 8 个地方绵羊品种 D－loop 区的比较分析，发现中国绵羊群体单倍型多样性较高，达 88.7%，而且还发现中国绵羊群体存在 A、B、C 3 种 mtDNA D－loop 主要单倍型。赵倩军通过 PCR－SSCP 及 DNA 测序的方法对中国 14 个绵羊品种（群体）和 1 个外来品种的线粒体 DNA 的编码区和非编码区进行了分析，并利用 *D－loop* 和 *Cytb* 基因的全序列对我国的绵羊品种进行起源进化和多态性研究，结果表明，我国绵羊群体可分为 4 个体系：支系 A（亚洲型）、支系 B（欧洲型）、支系 C（在中国、蒙古、土耳其及其高加索地区绵羊群体中发现）和支系 D（在阿勒泰羊、晋中绵羊和浪卡子绵羊中发现），其中以单倍型 A（亚洲型）为优势单倍型，支系 D 为新发现的支系。

（二）我国古代养羊历史概述

中国养羊的历史，从夏商时期既已开始有文字记载。1954 年，陕西西安半坡村遗址出土的陶器上绘有羊的形象；1975 年，河南安阳殷墟出土的甲骨文中也有羊、执鞭牧羊、羊圈等文字。这些考古发现均有力地证明羊只圈养在当时已经较为普遍，而且在一定程度上实现了围地放牧和种植牧草饲养羊。

西周时期，畜牧业有了很大发展，家畜家禽也已具有了一定规模，而且此时人们已经懂得了家畜家禽的饲养管理方法，也有了畜舍和禽舍。据《周礼·职方氏》记载，西周时期养羊地区涉及豫州（今河南南部、湖北北部、安徽北部）、兖州（今河北南部、山东西部和中部地区）、并州（今山西北部、河北北部）、幽州（今河北和山东沿海等地）、冀州（今河南北部、山西南部等地）。至春秋战国时期，人们日益重视畜牧业发展。人们已大量饲养羊以作肉食供给之一。《墨子·天志》记载“四海之内，粒食人民，莫不犓牛羊，豢犬彘……”而且，在畜禽繁殖方面已经有了“无失其时”（《孟子·尽上心》）的认识，以现在的理解意指要实时配种，以提高畜禽繁殖率和数量。

秦汉时期，民间已有养马二三百匹、养牛羊上千头的大户。《史记·货殖列传》记载“陆地牧马二百蹄，牛蹄角千，千足羊，泽中千足彘……，此其人皆与千户侯等”；前汉桥姚在边塞致马千匹、牛倍之、羊万只。汉代羊饲养业较为发达，主要集中在山西和牧区。这一时期，养羊除供给食肉之外，还取其毛用于纺织。三国—两晋—南北朝时期，中原土地上满布猪、羊、马牧场。同时，很多北方地区的脂尾羊被带入中原地区（主要是华北平原、淮北平原）饲养繁殖，对中原地区养羊业发展起了一定的促进作用。这个时期羊的发展，主要是在山区和牧区。南北朝时还设有牛、羊署，专门司管牛、羊事宜，说明当时羊的数量很多。此时期人们已经开始利用羊毛制造毡等物，对羊的利用方式也已逐渐多样化。

隋唐时期，养羊数量快速发展，羊群质量也不断提高，已开始利用外域引入羊和地方固有羊繁殖，形成了许多优良类群。据史籍记载和专论研究，当时形成了河西羊、河东羊、沙苑羊（今同羊祖先）、康居大尾羊、蛮羊（吐蕃羊，即今西藏羊的祖先）等类群。形成的主要绵羊类群或品种，为以后我国绵羊品种资源的发展奠定了基础。宋、元、明、清代，养羊业已相当发达，羊种结构也逐渐发生变化。宋代设有牛、羊司，主管牛、羊事宜；当时契丹的状况是“羊以千百为群，生息极繁”；由于黄河流域居民大量南迁，将河北、河南、山东等北方的绵羊带到江南（今太湖流域地区）；人们对肉、毛、羔皮、奶等产品的需求量增加，开始注意培育羊种、提高羊只品质；同时，又形成了一些地方绵羊类群，如吴羊（今湖羊）。明、清代，我国北方、中原地区养羊业发达，西南地区也相当发达。

（三）我国近现代绵羊养殖生产概述

19 世纪末 20 世纪初，我国不仅饲养绵羊地方品种，而且开始引入外国品种进行纯种繁殖，并用于改良地方绵羊品种。

1904 年，陕西的高祖宪和郑尚真等人组织奖励牧羊公社，率先从国外购入种羊，改良陕西绵羊，发展细毛羊业。

1906 年，清政府在奉天（今辽宁）省成立农事试验场，并引入美利奴羊 32 只，用以改良奉天省的绵羊；1909 年，又从美国引入美利奴羊数百只。此后，开始绵羊繁殖饲养，并取得良好效果，推广至各地。

1914 年，北洋政府从美国引入美利奴羊数百只，分别在张家口、北平西山门头村和安徽凤阳县石门山设场饲养。

1917 年，山西省督军阎锡山提倡开展绵羊改良事业。1921 年，从美国引入美利奴羊公母羊共 1 000 余只，分配于晋北、晋南和太原的牧场，并在各处设立种羊配种站，发展绵羊改良事业，取得了良好效果，曾有三代以上杂种羊 3 000 余只。生产的细毛毛织品行销北平、天津、上海等地。

1931 年，日本入侵东北，在吉林省公主岭农业试验场引入兰布里耶美利奴、考力代羊等品种，与本地绵羊杂交，其时试验场曾有羊 5 000 余只。

1934 年，新疆地方政府在南山牧场引入苏联的高加索羊、泊力考斯羊与当地阿萨克羊、蒙古羊杂交，并产生了一二代杂种。1939 年，该批杂种羊在繁殖上采用人工授精技术，并扩大良种利用，至 1946 年，其细毛杂种羊已达到 3 万余只。

1935—1945 年抗战时期，日本侵占华北，在北平设立华北绵羊改进会，引入考力代羊等品种，分别在北平、石家庄、太原等地开展与本地绵羊的改良，但成效不大。

1937 年，贵州农业改进所、贵州大学农学院从美国引入兰布里耶美利奴羊 50 只。同时，民国政府农林部在贵州省建立威宁种羊场，开展绵羊改良工作，但也少见成效。

1946 年，联合国粮食及农业组织赠送给我国考力代羊 1 000 只，分别饲养在西北、绥远（现内蒙古呼和浩特附近）、北平、南京等地。

从 20 世纪 80 年代开始，我国一些农业院校和科研单位先后开展了有关养羊的研究工作，并开设了养羊课程，普及和推广养羊技术，培养了一批养羊科技人员。

总体而言，我国近代的绵羊业生产，虽进行了多次改良提质的尝试，但受当时社会背景的影响，同时也受传统农业生产方式影响，始终处于落后地位，仍停留在经验畜牧业基础上，尝试改良的绵羊存留数量较少。1949 年底，对羊只数量进行统计，发现比战前最高年份减少 1/3 以上。绵羊品种仍主要是一些产品率较低的原始地方品种。

（四）新中国成立以后绵羊产业发展概述

新中国成立以后，我国政府采取了一系列有力政策和措施，绵羊数量及其产品产量开始逐步快速增长。

1959 年，全国家畜育种会议提出了“本品种选育和杂交改良并举全面开展育种工作”的方针。

1965 年，全国畜牧工作会议制定了《家畜改良区域规划（草案）》，提出了不同地区绵羊的发展方向。

1966 年，农业部颁发了《新疆细毛羊鉴定试行标准》和《细毛杂种羊鉴定分级试行办法》，对我国细毛羊业发展具有较大的促进作用。

1973 年，全国半细毛羊育种经验交流会制定了《全国半细毛羊育种协作计划》和《关于半细毛羊育种若干技术问题的意见》，对全国半细毛养羊业发展起到了很大的促进作用，半细毛羊杂交试验工作在各省份蓬勃开展起来。

1977 年，国家多部门联合制定了《全国家畜改良区域规划》，提出了“大力发展细毛、半细毛改良羊”“开展本品种选育和繁殖推广工作”等发展方向。

1979 年，农业部召开的全国半细毛羊育种工作经验座谈会总结了我国半细毛羊发展经验，反映了各地半细毛羊杂交改良的良好成果。

1981 年，全国半细毛羊第二次育种会议制定了《长毛种羊鉴定标准》，并成立了半细毛羊育种技术小组。

1982 年，中国羔皮羊、裘皮羊研究会研讨了我国养羊方面的重大问题，对我国绵羊以及半细毛羊生产的发展起了一定的推动作用。

绵羊优良品种引进和改良工作也得到了快速发展。从 20 世纪 50 年代开始，我国先后从苏联、德国、英国、新西兰、澳大利亚、美国等国家引入细毛羊、半细毛羊良种羊，饲养在全国各地，进行纯种繁殖，同时改良地方品种。这些优良品种的种羊，对我国绵羊和半细毛羊业发展起了很大的促进作用。

新中国成立以前，我国尚无自有的羊培育品种。1954 年，我国育成了中国第一个细毛羊品种——新疆毛肉兼用细毛羊，促进了细毛羊产业发展。后来又育成了东北细毛羊、内蒙古细毛羊、青海半细毛羊、贵乾半细毛羊、云南半细毛羊等多个优良半细毛羊品种，大大提高了我国绵羊生产的产品率和经济效益。

第二节　中国半细毛羊品种的形成

一、全球主要绵羊品种分类概述

全世界现有绵羊品种超过 600 个，根据绵羊主要产品的经济用途及其生态特征，分为 5 种经济类型，即细毛羊、半细毛羊、粗毛羊、毛皮用羊和乳用羊。

1. 细毛羊　由于选育目标不同，细毛羊又有毛用、毛肉兼用和肉毛兼用 3 种类型。毛用细毛羊有澳洲美利奴羊细毛型、斯塔夫洛波羊等；毛肉兼用细毛羊有高加索羊、阿斯卡尼亚羊、阿尔泰羊等；肉毛兼用细毛羊有德国美利奴羊和泊列考斯羊等。

2. 半细毛羊　半细毛羊可分为 4 种类型，即毛肉兼用半细毛羊，如茨盖羊；肉毛兼用半细毛羊，如林肯羊、边区莱斯特和罗姆尼羊；中毛型（或称短毛型）肉用半细毛羊，如南丘羊和汉普夏羊；杂交品种半细毛羊，是以肉毛兼用半细毛羊和细毛羊杂交育成的品种，如考力代羊和波尔华斯羊。

3. 粗毛羊　粗毛羊尾型变化很大，根据尾的长短和脂肪的沉积程度分为 4 种类型：即短脂尾羊，如蒙古羊和乌珠穆沁羊；短瘦尾羊，如藏绵羊；肥臀羊，如哈萨克羊和阿勒泰羊；长脂尾羊，如大尾寒羊。

4. 毛皮用羊　毛皮用羊属粗毛羊，按经济用途分为羔皮和裘皮用羊。羔皮用羊有卡拉库尔羊和湖羊。裘皮用羊有滩羊、贵德黑裘皮羊、岷县黑裘皮羊和罗曼诺夫羊。

5. 乳用羊 此类羊也属粗毛羊，主要经济用途是获取羊奶，如东佛里生羊和马尔西羊。

二、全球主要半细毛羊品种简介

1. 茨盖羊

（1）产地。茨盖羊是一个古老的半细毛羊品种，原产于巴尔干半岛。主要饲养国家有俄罗斯、罗马尼亚、南斯拉夫、保加利亚、匈牙利和蒙古。

（2）外貌特征。茨盖羊体质结实。公羊有螺旋形角，母羊无角或只有角痕。胸深，背腰宽平。毛被覆盖至两眼连线。毛白色，毛被为同质半细毛，有少数羊只在耳和四肢有褐色或黑色斑点。

（3）生产性能。体重，成年公羊为59.0～90.0kg，母羊为32.0～46.0kg；育成公羊为22.0～37.0kg，母羊为20.0～34.0kg。剪毛量，成年公羊为3.5～7.0kg，母羊为2.0～ 4.0kg；育成公羊为1.5～3.5kg，母羊为1.6～3.3kg。羊毛长度，成年公羊为9.0～12.0cm，母羊为7.0～9.5cm；育成公羊为6.5～12.5cm，母羊为6.5～13.0cm。羊毛细度，成年公、母羊为50支；育成公、母羊为56～56支。净毛率，成年公羊为54.2%～68.5%，母羊为46.6%～69.6%；育成公羊为54.4%～60.4%，母羊为45.5%～60.3%。羊毛油汗呈乳白色或乳黄色。屠宰率，成年公羊为40.45%～48.1%，母羊为30.2%～44.4%。母羊产羔率为105.0%～115.0%。

（4）评价。1950年，我国开始从乌克兰引入，主要饲养在内蒙古、青海、西藏、甘肃、四川等省份。茨盖羊能适应我国干旱寒冷的气候，主要在高寒地区与细毛羊和当地藏绵羊、蒙古羊杂交的后代交配培育半细毛羊品种。

2. 林肯羊

（1）产地与育成简史。林肯羊原产于英国东部的林肯郡。该地区气候温和湿润，地势低洼，牧草丰茂。用莱斯特公羊与旧型林肯羊杂交育成。

（2）外貌特征。林肯羊头较长，公、母羊均无角，额有绺毛。胸部宽深，肋骨开张良好，背腰平直，后躯丰满，肢势端正。毛白色。鼻镜和蹄为黑色，耳和四肢下部皮肤有色素斑点，毛被呈毛辫结构。腹毛着生良好。羊毛光泽好，为全光毛，大弯曲。

（3）生产性能。体重，成年公羊为89.7kg，母羊为60.1kg；育成公羊为48.7kg，母羊为35.8kg。剪毛量，成年公羊为10.7kg，母羊为6.6kg；育成公羊为7.4kg，母羊为5.3kg。羊毛长度，成年公羊为18.3cm，母羊为17.5cm；育成公羊为19.7cm，母羊为17.7cm。羊毛细度，成年公羊为40

支，母羊为46支。净毛率，成年公羊为58.6%，母羊为56.9%。羊毛匀度和油汗正常。4月龄育肥羯羔胴体重为22.0kg，母羔为20.5kg。母羊产羔率为114.0%～121.4%。

（4）评价。1966年，我国开始从英国引进林肯羊，主要饲养在江苏、内蒙古、云南、山东和吉林等省份。由于林肯羊要求饲养条件较高，引入我国后在各地的适应性表现不一致，在江苏和云南适应性较好，在山东和内蒙古等省份适应性较差，体重和剪毛量下降，繁殖率降低，发病率和死亡率增高。在我国，除进行纯种繁殖外，还用来与细毛羊和粗毛羊杂交的杂种交配，效果较好。

3. 边区莱斯特羊

（1）产地及育成简史。边区莱斯特羊在英国育成。19世纪中叶，在苏格兰用莱斯特羊公羊与山地雪福特羊母羊杂交育成。为了与莱斯特羊进行区别，称为边区莱斯特羊。

（2）外貌特征。边区莱斯特羊体质结实，结构良好。公、母羊均无角。鼻梁隆起，耳直立，颈较长。体躯长，背宽平。头和四肢无覆盖毛。

（3）生产性能。体重，成年公羊为90.0～140.0kg，母羊为60.0～80.0kg。剪毛量，成年公羊为5.0～9.0kg，母羊为3.0～5.0kg。羊毛长度20.0～25.0cm。羊毛细度40～50支。净毛率为65.0%～80.0%。胴体重，成年公羊为73.0kg，母羊为39.8kg；4月龄育肥羯羔为22.4kg，母羔为19.7kg。母羊产羔率为150.0%～200.0%。

（4）评价。边区莱斯特羊在世界上饲养比较普遍。用边区莱斯特羊公羊与美利奴羊杂交，1代母羊用肉用品种交配，可生产优质肥羔。1966年，我国开始从澳大利亚引进边区莱斯特羊，该羊表现出在高寒地区适应性差，体重和剪毛量下降，繁殖率低，发病率和死亡率高；而在云南和四川等省份海拔较低、温暖、湿润的地区适应较好。在杂交改良方面，四川用边区莱斯特羊与新疆细毛羊和藏绵羊的杂种后代交配，含75%边区莱斯特羊血液的杂种羊，体重和剪毛量显著提高。毛丛自然长度在12.0cm以上的个体占71.4%，羊毛细度为48～50支的个体占64.3%。

4. 罗姆尼羊

（1）产地及育成简史。罗姆尼羊原产于英国东南部的肯特郡，故又称肯特羊。肯特郡气候温和、湿润，地势低洼，有沼泽，牧草丰茂，放牧条件好。在肯特郡曾繁殖旧型罗姆尼羊，体格大，粗糙，健壮，但结构不良。后用体型紧凑、早熟、羊毛品质较好的莱斯特羊公羊改良，经过长期选择和培育而育成当今的罗姆尼羊。目前，除英国外，新西兰、乌拉圭、澳大利亚、美国均有分布。

（2）外貌特征。罗姆尼羊体质结实，公、母羊均有圆角，颈短。毛白色，为同质半细毛。前额羊毛覆盖，鼻孔、唇、蹄均深色。各国的罗姆尼羊在体型上有差异。英国罗姆尼羊头略显狭长，四肢较高，体躯长宽，后躯较发达，头、肢羊毛覆盖较差。新西兰罗姆尼羊四肢短、矮、背腰平，肉用体型较好，头、肢羊毛覆盖良好。澳大利亚罗姆尼羊介于二者之间。

（3）生产性能。体重，成年公羊为100.0～120.0kg，母羊为60.0～80.0kg。剪毛量，成年公羊为6.0～8.0kg，母羊为3.0～4.0kg。羊毛长度为13.0～18.0cm。羊毛细度为48～50支。胴体重，成年公羊为70.0kg，母羊为40.0kg；4月龄育肥公羊为22.4kg，母羊为20.6kg。

（4）评价。我国从1960年开始，先后从英国、新西兰和澳大利亚引进罗姆尼羊，分别饲养在青海、内蒙古、甘肃、山东、江苏、四川、河北和云南等省份。由于各地生态条件的差异，其适应性表现不一致。总的趋势是：在东南沿海和西南低海拔地区适应性较好，而在西北和内蒙古地区适应性差，表现为体重下降，羊毛变细，空怀率增加，易病，甚至死亡。在罗姆尼羊适应地区用其改良本地粗毛羊效果很好。

5. 考力代羊

（1）产地及育成简史。考力代羊在新西兰育成。1874年，开始用林肯公羊与美利奴母羊杂交，一代杂种进行横交固定。在育种中，曾使用过亲缘交配，也吸收了英国莱斯特羊和边区莱斯特羊的血液，经过多年选育而育成半细毛杂交型品种考力代羊。

（2）外貌特征。考力代羊头较宽，公、母羊均无角，颈粗短、皮肤无皱褶。胸宽深，背腰平直，体躯呈圆筒状，肌肉丰满，结构匀称，肢势端正。面部、耳和四肢带有黑斑点，嘴唇和蹄为黑色。额上有覆盖毛。毛被闭合紧密。

（3）生产性能。体重，成年公羊82.5kg，母羊52.5kg；育成公羊48.0kg，母羊42.0kg。剪毛量，成年公羊为9.2kg，母羊为6.1kg。毛丛自然长度，成年公羊为10.7～13.8cm，母羊为11.4～11.7cm。羊毛细度，成年公羊为50支，母羊为50～56支。净毛率，成年公羊为36.9%，母羊为42.7%。产肉性能，成年公羊宰前活重为66.5kg，胴体重为33.0kg，内脏脂肪重为1.4kg，屠宰率为49.6%；成年母羊相应为60.0kg、29.0kg、2.0kg和48.3%。繁殖性能，5～6月龄性成熟，初配年龄1.5岁。妊娠期为148d。母羊产羔率121.0%～130.0%。

（4）评价。考力代羊毛、肉性能结合好，较早熟，要求饲养管理条件较高。1947年，我国曾从新西兰引进考力代羊。1966年和1968年先后又从澳大利亚和新西兰引进考力代羊。考力代羊对我国丘陵和平原地区有较强的适应能力。在改良我国本地绵羊培育半细毛羊中效果显著。应对引进我国的考力代羊加强选育，为培育我国的半细毛羊品种发挥作用。

三、我国半细毛羊的引种及选育

（一）半细毛羊引种育种历程

在养羊业的引种及风土驯化过程中，被引入地区与品种原产地的自然生态条件相似或差异不大时，引种容易成功；否则，将增加引种的困难，特别是当引入品种饲养繁殖地区的生态环境与原产地相差很大时，则可能给引入品种带来不良后果。

世界知名的半细毛羊有罗姆尼羊、边区来斯特羊、林肯羊和考力代羊等。新中国成立前，我国的半细毛养羊业几乎完全空白。新中国成立以后，为了改变我国半细毛养羊业的落后状况，自 1966 年开始，我国先后从英国、新西兰和澳大利亚等国家引进茨盖羊、罗姆尼羊、边区莱斯特羊、林肯羊和考力代羊等优良肉毛兼用半细毛品种，分别投放在青海、内蒙古、甘肃、新疆、贵州、云南、贵州、安徽、江苏、湖北、河北、山东、黑龙江等地。同时，确定了全国各省份发展半细毛羊的规划，调整和提高了半细羊毛的收购价格，在各地先后建立了一批以繁殖纯种和培育新品种为主要任务的种羊场和育种场。

1973 年 5—6 月，农林部委托青海省畜牧兽医科学研究所和东北绵羊育种委员会在西宁市召开了有 18 个省份参加的第 1 次全国半细毛羊育种经验交流会议，会议明确指出，根据我国国民经济发展对半细羊毛的需要量很大，按毛纺部门的意见，纺织用毛的比例应以细毛占 40%，半细毛占 60%为宜，通过这次会议，统一了当时对我国大力发展半细毛羊养羊业的政治意义、经济意义、现实意义的认识，交流了各省份在半细毛羊杂交育种工作中的经验，制定了《全国半细毛羊育种协作计划》和《关于半细毛羊育种若干技术问题的意见》，从而为发展我国半细毛羊养羊业明确了方向，制定了措施，增强了信心。

1975 年 8 月，在黑龙江省牡丹江地区召开了有 13 个省份参加的第 2 次全国半细毛羊育种协作会议，总结和交流了群众育种、科技协作的经验和科学试验的结果，检查了 1973 年西宁会议提出的科研课题的执行情况，讨论了如何进一步搞好半细毛羊育种等问题。同时，毛纺部门的代表在会上强调指出：我国当前所需的半细毛，分为 48～50 支以 50 支为主体和 56～58 支以 56 支为主体两档，其发展比例前者应占 60%～70%，后者占 30%～40%。

1977 年 10 月，在内蒙古召开了有 15 个省份参加的第 3 次全国半细毛羊育种协作会议，交流了各省份开展半细毛羊育种科研协作的经验，检查了西宁会议提出的五项科学研究项目协作的执行情况和落实在 1985 年前育成 3～5 个半细毛羊新品种的任务，开展了学术交流。

1977年11月，受农林部委托，由青海省畜牧兽医科学研究所主持和召开了多省份科研单位和大专院校参加的关于“形成半细毛羊新品种有关问题”的学术讨论会议，对我国半细毛羊新品种形成的条件和名称等问题统一了认识，对促进半细毛羊新品种的迅速育成，加快我国养羊业良种化和现代化的步伐，提出了积极的措施和建议。

1979年6月，为了加强半细毛纯种羊的育种工作和满足杂交改良的需要，农业部畜牧总局在昆明召开了有贵州、安徽、湖北、青海、西藏、内蒙古、甘肃、云南等省份参加的会议，会上交流了各地饲养半细毛种羊的经验，成立了由农业部畜牧总局任主任委员的8省份半细毛羊育种委员会，作为开展半细毛羊育种工作的技术指导和技术监督机构，并确定要认真抓好罗姆尼羊、边区莱斯特羊、林肯羊等进口种羊的饲养、繁殖和选育提高工作。

1979年12月，农业部畜牧总局在北京召开了有18个省份参加的全国半细毛羊改良座谈会，研究了全国半细毛羊的改良发展方案，落实了1980—1981年半细毛羊的改良任务，进一步加快了我国半细毛羊养羊业发展。

由于采取以上措施，加上各项政策的进一步落实，使我国的半细毛羊养羊业从无到有，从小到大，取得了比较显著的成绩。1987年，全国半细毛羊及半细毛改良羊达到1 275.4万只，占绵羊总数的12.4%，年生产半细毛及改良半细毛37 040.2t，占绵羊毛总产量的17.73%。

1990年11月，农业部在贵阳召开了全国半细毛羊育种工作会议，对我国畜牧业商品基地进行了评比，提出了新的要求，也对当前半细毛羊生产上存在的问题进行了讨论，提出了建议和意见，对各省半细毛羊发展规划进行了部署。

（二）半细毛羊的培育选育研究

1. 杂交育种方法的研究 在开展杂交改良的地区，通过不同杂交组合试验，观察分析各地基础母羊和纯种公羊的遗传特点及杂交效果，在保留土种羊优良特性的前提下，确定适宜的杂交组合方式。在杂交过程中，杂种羊被毛同质速度较慢的地区，努力探索加速被毛同质化的有效途径。在杂种羊被毛同质的基础上，进一步研究提高羊毛长度、保持适宜细度、改善匀度、增加油脂含量、提高剪毛量、消除干死毛和杂色毛等有效措施。在种群繁育阶段，进行个体选配和品系繁育的研究。

2. 纯种羊选育提高的研究 对育种所需要的纯种羊，如茨盖羊、考力代羊、罗姆尼羊、边区莱斯特羊、林肯羊等半细毛品种羊，保证必要的饲养管理条件，加强培育和繁殖，保持和提高原品种优良特性。研究风土驯化规律，探索提高生产性能的途径，为半细毛羊杂交育种工作提供优良种羊。对于半细毛羊改良区域内的土种羊，抓好群众性的选育工作，研究和解决选育工作中出现的技术问题，如制定选育标准、选育措施等，扭转当地品种退化现象，为提高杂交改良效果创造条件。

3. 饲养和放牧技术的研究　深入研究现行饲养管理条件，根据各类羊的生产性能和生长发育特点，研究提出加强草原建设、合理利用草原、改进放牧技术、建立饲草饲料基地，制定合理的饲养标准和补饲方法等措施。

4. 人工授精技术的研究　为了提高优良种公羊的利用率，特别重视研究冷冻精液技术在半细毛羊杂交育种工作中的应用问题。

5. 遗传育种理论的研究　在杂交育种过程中，对于半细毛杂种羊的主要经济性状遗传规律，进行深入系统的研究，掌握并运用这些规律，指导育种实践。

第三节　半细毛羊产业发展现状及前景

从全球范围来看，近年来全球羊毛生产持续波动。根据 FAO 数据，2013 年全球含脂羊毛产量为 207.6 万 t，2020 年减少为 168.6 万 t，而在 2021 年全球含脂羊毛产量增长到 176.3 万 t。其中，澳大利亚、新西兰、南非、土耳其、阿根廷、中国等，为全球主要的羊毛供应市场。

我国是羊毛生产大国，也是全球最大的羊毛加工国和消费国。2022 年，中国绵羊毛产量 35.62 万 t，基本与 2021 年持平。其中，半细羊毛产量为 15.5 万 t，同比增长 20.81%。根据国家绒毛用羊产业技术体系产业经济研究团队的调研数据，2022 年主产区细毛羊、半细毛羊平均每只养殖成本分别为 703.44 元、1 163.74 元，养殖总收益分别为每只 1 106.38 元、1 975.22 元，纯收益分别为每只 402.94 元、811.48 元，由此可知，半细羊毛具有更高的综合收益。

中国海关总署数据显示，近年来由于受新冠疫情、国际宏观经济和贸易形势等因素影响，我国羊毛行业进出口波动较大。进口方面，2019—2020 年年均降幅均超过 20%，2021 年进口总额回升至 20 亿美元以上，同比涨幅超过 40%；2022 年全年累计进口羊毛及毛条 28.5 万 t，进口金额为 22.3 亿美元；2023 年前 11 个月我国羊毛进口 27.2 万 t，同比增长 2.5%，从几个主要产毛国进口的羊毛数量均呈现增长。出口方面，2019—2020 年降幅均超过 10%，2021 年出口总额回升至 4 亿美元，同比增长超过 10%，总体呈现出较大的贸易逆差。随着人们对高品质、环保和可持续性产品的需求增加，羊毛的应用将更加广泛。

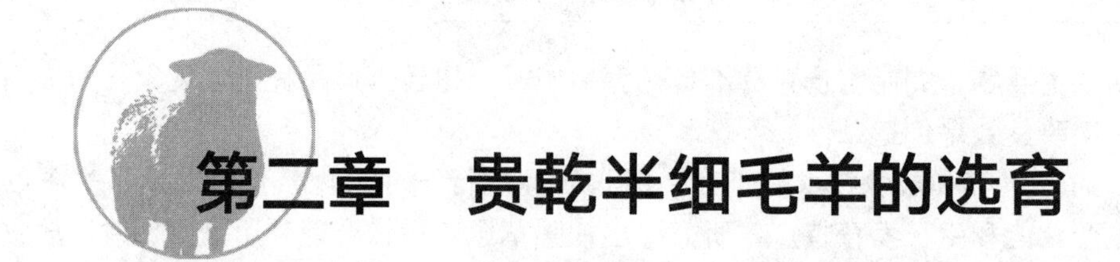

第二章 贵乾半细毛羊的选育

第一节 贵乾半细毛羊选育的背景

我国是羊毛生产大国，也是全球最大的羊毛加工国和消费国。由于我国半细毛羊的杂交改良工作起步迟、条件差、发展缓慢，国产半细毛远远不能满足国内毛纺工业发展的需求，每年需花大量外汇从国外进口洗净毛。培育半细毛羊新品种，自主解决半细毛的不足是养羊业的一项重要任务。

中国西部地区草山草坡蕴藏着发展草食家畜的巨大潜力，有可能建成我国重要的草食家畜生产基地。其中，贵州省位于中国西南的东南部，介于东经103°36′—109°35′、北纬24°37′—29°13′，气候温暖湿润，属亚热带温湿季风气候区，有冬无严寒、夏无酷暑，降水丰富、雨热同季等特点。全省年平均气温在15℃左右，通常最冷月（1月）平均气温3～6℃，比同纬度其他地区高；最热月（7月）平均气温22～25℃，为典型夏凉地区。降水较多，雨季明显，阴天多，日照少，境内各地阴天日数一般超过150d，常年相对湿度在70%以上。受大气环流及地形等影响，贵州气候呈多样性，“一山分四季，十里不同天”。中部及东部广大地区为湿润性常绿阔叶林带，以黄壤为主；西南部为偏干性常绿阔叶林带，以红壤为主；西北部为常绿阔叶林带，多为黄棕壤。由于特殊的地理位置，贵州植被类型多样，既有中国亚热带型的地带性植被常绿阔叶林，又有近热带性质的沟谷季雨林、山地季雨林；既有寒温性亚高山针叶林，又有暖性山地针叶林；既有大面积次生的落叶阔叶林，又有分布极为局限的珍贵落叶林。植被在空间分布上又表现出明显的过渡性，从而使各种植被类型在地理分布上相互重叠、错综，各种植被类型组合变得复杂多样。

贵乾半细毛羊的培育工作始于20世纪50年代。贵乾半细毛羊选育基地分布于贵州省内4个县的6个种羊场和育种场（站），12个乡，选育区共有天然草场157万亩*，建立多年生人工草地5 162亩，每年进行粮草轮作，种植一年生豆科牧草2万余亩。藏系绵羊分布于我国西部高海拔地区，由古羌人南下

---

* 亩为非法定计量单位。1亩≈667m^2。——编者注

将驯化后的羌羊带到青藏高原及附近区域。藏系绵羊以山谷型藏系绵羊为主，为广大农牧民提供了大量的肉、毛、皮等生活必需品。新中国成立以后，已有的藏系绵羊群体不能满足当地人民群众的生活需求，改良藏系绵羊成为一种必然趋势。早在 1954 年，当时的贵州省农林局在威宁县建立了种羊场，并从甘肃、山东等省引进考力代羊、新疆细毛羊公羊，选购当地威宁绵羊，开始杂交改良试验。1973 年 6 月，品种培育进入选育提高阶段，贵乾半细毛羊选育工作先后获得国家、省、地科技项目的支持，特别是 2012 年国家绒毛用羊产业技术体系在毕节设立毕节综合试验站后，全面加大了贵乾半细毛羊选育工作的力度。

第二节　贵乾半细毛羊选育的历程

从 20 世纪 50 年代开始，我国先后从国外引进不同类型的半细毛羊用于杂交改良工作，取得了一定成绩。多年来，吉林、青海、内蒙古、河北、贵州、云南等省份在半细毛羊的繁育、杂交改良和试验研究等方面做了许多工作。贵乾半细毛羊是以威宁藏系绵羊为基础，引进新疆细毛羊、考力代羊经过杂交改良、横交固定、选育提高育成的一个绵羊新品种。

1954 年，贵州省农林局在威宁县建立威宁种羊场，并从甘肃、山东等省引入考力代羊 205 只，新疆细毛羊 10 只，开始杂交改良试验。1955 年，在威宁县灼圃、板底两个乡分别设立了国营绵羊配种站，开展农村绵羊改良试点工作，产生了近千只细毛和半细毛杂交羊。1958 年后，在第 1 阶段杂交试验的基础上，初步确定了用细毛羊改良的方案，引入新疆细毛羊 300 余只，在全省绵羊产区广泛开展杂交改良工作。至 1965 年，全省细毛杂种羊存栏量近 8 万只，约占威宁绵羊总数的 1/4。

1973 年，全国半细毛羊育种经验交流会召开后，贵州省确定了培育半细毛羊的育种方向，成立了贵州省绵羊育种协作组，制定了《贵州半细毛羊育种试行方案》，统一了育种方法、鉴定标准和技术措施，正式开展育种工作。全省绵羊育种协作会议商定的贵乾半细毛羊育种指标见表 2-1。

表 2-1　贵乾半细毛羊育种指标

羊别	体重/kg	剪毛量/kg	毛长/cm
成年公羊	65.0	5.5	11.0
成年母羊	40.0	3.2	9.0
育成公羊	45.0	3.5	11.0
育成母羊	30.0	2.8	9.0

1974年，用考力代半细毛羊公羊开展半细毛羊的杂交育种工作。同年，从青海引入英系罗姆尼羊20余只，1978年从内蒙古引入澳系和新系罗姆尼羊7只，开展杂交试验。杂交试验表明，罗细杂羊肉用体型得到较大的改善，羊毛纤维直径和长度有所增加，但死亡率较高；考细杂羊虽然肉用性能和羊毛纤维直径和长度不如罗细杂组合，但适应产区气候条件和饲养管理条件，最终确定了用考力代为终端父本的技术路线。随后在杂交的基础上，建立了育种核心群，实行同质选配，开始了横交固定。之后，大方马干山牧垦场、盘州市坡上牧场也相继组建了育种群，进行自群繁育，体型外貌、体重、产毛量、毛长、细度，以及净毛率、屠宰率、产羔率等主要指标已达到原定育种指标，遗传性能基本稳定，具备了半细毛羊的特征特性。

1979年，贵州省畜牧局根据全省5年来培育贵乾半细毛羊工作实践，由于饲养条件的改善受到制约，特别是在当时人民公社的农村条件下更是困难重重，幼羊的生长发育极不理想，对原定育种指标做部分修订，即成年公羊体重55kg，产毛量4.5kg；成年母羊体重35kg，产毛量3kg；周岁公羊体重40kg，产毛量3.5 kg；周岁母羊体重28kg，产毛量2.5kg；屠宰率46%～48%。党的十一届三中全会后农村生产承包责任制的建立和进一步完善，以及建设草地畜牧业基地的兴起，贵州南部亚热带地区引入绵羊饲养繁殖获得成功等经验的推广应用，全省半细毛羊生产与育种工作取得了明显的进步。

1980年威宁飞播牧草成功后，建成了灼圃示范牧场，全面开展草地绵羊系统的科研、示范与推广工作，提高了贵乾半细毛羊的养殖技术水平。到1987年，改良羊已占80%，为开展半细毛羊新品种选育奠定了基础。为扩大育种成果，1984—1988年，毕节市畜牧兽医科学研究所实施了省科技厅下达的“培育中贵乾半细毛羊阶段成果推广”农业科技攻关课题，在威宁、赫章、大方、毕节4个县10多个乡，威宁种羊场、毕节市牧垦场2个育种场，2万多只羊群中推广选种选配、羔羊培育等技术，提高了核心产区贵乾半细毛羊的生产性能。1991年起，贵乾半细毛羊培育进入了选育提高阶段，1991—2017年先后获得国家、省、地科技项目多项支持，其中2007—2012年国家实施西部大开发，对推进贵乾半细毛羊的发展起到了一定作用。特别是2012年国家绒毛用羊产业技术体系在毕节设立了毕节综合试验站，进而加大了贵乾半细毛羊的提纯复壮工作。除了夯实威宁种羊场、毕节市牧垦场、贵州省威宁高原草地试验站等核心场种群外，又在赫章县阿西里西大草原片区新建贵乾半细毛羊种羊场1个，并完成了这4个核心场贵乾半细毛羊的生产性能测试，对产毛性能、生长性能、产肉性能等指标进行了第三方测定，制定相关标准加快了品种的培育和审定进程。

2021年4月，贵乾半细毛羊通过了国家畜禽遗传资源委员会羊专业委员会专家现场审定；2021年10月，通过了国家畜禽遗传资源委员会终审；2021年12月，农业农村部发布公告并颁布新品种证书。贵乾半细毛羊新品种的育成，丰富了我国56～58支半细毛羊种质资源。该品种适应当地的生态条件，满足当地群众的需求，具有生长速度快、产毛性能好、肉质较好等特点。

第三节　贵乾半细毛羊选育的方法

贵乾半细毛羊是采用多品种复杂育成杂交的方法选育而成的。先后经历了细毛羊杂交、半细毛羊杂交和自群繁育3个育种阶段。在贵乾半细毛羊品种选育过程中，根据当地生态条件、育种基地羊场的规模和饲养管理水平，以及技术力量和设备条件等，采用传统的杂交方案，表型选择和基因型选择相结合的育种技术，坚持严格的组织管理和实行独具特色的育种体系，保证了育种工作的顺利开展和育种羊群较快的遗传进展。

选择是育种工作的重要环节，在前期选育中，贵乾半细毛羊采用外形鉴定的表型选择和后裔测定的基因型选择相结合的选种技术，获得满意效果，加快了遗传进展。品质鉴定是育种过程中表型选择的主要方法，按统一标准，每年定期对贵乾半细毛羊全部选育群进行个体鉴定。分羔羊、育成羊、成年羊3个阶段选择淘汰。羔羊在4月龄断奶时按优、中、劣三级进行初选鉴定后，按性别、等级分群管理，进入育成期培育；1～1.5岁时，按育成羊标准进行个体鉴定，符合一级标准的继续选留培育；2.5岁时，再按个体品质进行终身鉴定，确定等级。在鉴定整群中，重点淘汰纤弱、颈部和腹毛有高弯曲、羊毛密度很差、被毛中含少量干死毛和有色毛、后腿毛丛匀度很差、母羊无繁殖力等个体。体型外貌不符合育种理想型的个体也被列入淘汰之列。由于长期坚持定期鉴定整群，严格选优去劣，使育种群品质得到不断提高，促进了品种育成。

一、选种选配方法

个体表型选择是我国绵羊育种工作中应用最广泛的一种选择方法，表型选择的效果取决于表型与基因型的相关程度，以及被选性状遗传力的高低。高遗传力（$h^2>0.3$）的性状个体表型选择有效，如剪毛后体重、剪毛量、油汗颜色，这些性状遗传力都大于0.3。半细毛羊的鉴定是个体选择的重要方法，分羔羊初生鉴定、4月龄羔羊断奶鉴定、1.5岁育成羊鉴定、2～2.5岁成年羊鉴定4个阶段进行，逐段选择淘汰。

（一）选种方法

选种是半细毛羊杂交育种和饲养关键环节之一，就是通过对贵乾半细毛羊的综合选择，选择生产性能高、遗传力稳定的个体进行选配，对其后代选优去劣，不断提高优良基因的频率，降低劣质基因的频率，使羊群质量不断提高。贵乾半细毛羊的选种主要从3个方面着手：一是根据外貌特征进行鉴定；二是根据谱系选择；三是根据后裔测定选择。

1. 外貌特征鉴定 贵乾半细毛羊的外貌特征为：被毛同质、白色，闭合良好，油汗白色或乳白色。公、母羊均无角，头大小适中，鼻梁平直，头毛着生至眼线。颈短而粗，颈部被毛无皱褶，胸宽深，尻平直，后躯丰满，腹毛着生良好，四肢粗壮，腿毛过飞节，体躯呈圆筒状，肉用体型明显。

2. 系谱选择 系谱是反映个体祖先生产性能和等级的重要资料，是一个十分重要的遗传信息来源。其作用就在于根据祖先的品质来估计其本身的遗传力，并确定个体间的血缘关系，为选配奠定基础。祖先对后代品质影响的程度，随着代数的增高而相对降低，所以对后代品质影响最大的是亲代，其次是祖代、曾祖代。故根据系谱审查绵羊时，一般只考察2～3代就行了。为此，在半细毛羊育种工作中，必须建立起系统的系谱记载，如种公羊卡片、母羊配种记录、产羔记录、种羊鉴定记录、生长发育记录和剪毛量记录等。

3. 后裔测定选择 后裔测定就是通过后代的特征和特性来评定种羊的育种价值，用这种方法来选择种羊最可靠。凡是参加杂交育种的公羊，特别是主配公羊，都应当进行后裔测定。后裔测定按以下方法进行：

（1）培育的公羊在1岁半时进行初配，每只交配一级母羊50只以上，与配母羊年龄在2～4岁为宜，尽量选择同龄群放牧的羊群。如果一级母羊不够，可以搭配部分二级、三级母羊，但是交配的母羊质量必须大致相同才能进行比较。用公羊提高品质较低的母羊比较容易，但要让一级母羊继续提高则比较困难，因此用一级母羊交配才能看出一只公羊的质量。

（2）羔羊断奶鉴定和生产性能（毛长、剪毛量、净毛率、体重等）的测定可作为被测公羊的初评，按初评成绩决定被测公羊的使用。许多试验表明，羔羊断奶的评价与成年时的评定基本是相符的。在12～18月龄时，通过鉴定与剪毛量进行最后评定。

（3）优秀的青年公羊，如果第1年测定结果不满意，2岁半时进行第2次测定。

（4）对决定参与配种的公羊，每年都要详细研究它们后代的质量，以决定使用的范围。

（5）种公羊的品质评定，以采用同龄后代对比和母女对比两种方法为主。同龄后代法要求各公羊的与配母羊情况和后代培育条件相同；母女对比法要注意不同年代饲养管理条件的差别。凡后代中，特级、一级比例大，生产性能高，或某一性状特点突出，均可评为优秀种公羊。在评定时，除了比较主要生产性能外，还要观察后代中某些个别性状（如毛丛结构、毛密度、细度与匀度、毛光泽、腹毛情况等）的表现，以便决定每只公羊的利用计划。

（二）选配方法

选配就是对交配制度进行控制，使之产生优良后代。

有了优秀的种羊，如果没有正确的交配制度来进行选配，同样不会获得好的后代。选配工作，无一定论，按每年鉴定情况确定选配方案。整个品种选育过程中最重要的工作是用最好的公羊配最好的母羊，使其产生最优秀的后代，特别是公羔。

在畜牧技术上主要采用品质选配。

1. 品质选配　按个体间表现型选配，分为同质选配与异质选配。

（1）同质选配。就是选择在外表上（类型、生物学特性、生产性能）相似的公、母羊交配，以保持、固定、提高这些优良性状。利用这种方法来固定优良性状的效果虽然不如近亲繁殖那样快，但可以避免由于近亲繁殖而引起的近交退化。同质选配绝大多数是优配优，但也不是绝对没有劣配的。一般特一级公羊与特一级母羊交配，其本质是使基因纯合。

（2）异质选配。就是选择在外表上不同的公、母羊交配，使双亲之一的某一缺点被另一亲本的优点改正，或使两个亲本的不同优点互相结合。异质选配有类似杂交产生的效果。用异质选配方法获得理想型绵羊后，还必须采用同质选配方法来固定性状。

2. 亲缘选配　亲缘选配的目的是迅速固定某些优良特性，并建立同质程度高的羊群。亲缘选配是改善遗传品质的重要手段。

为了防止由于近亲而造成的后代生活力下降，出现退化现象，要注意以下几个问题：

（1）选配的双方必须是体质结实，健康状况良好，生产性能高而没有严重缺陷的公、母羊。

（2）对亲代与子代要给予较好的饲养管理条件。

（3）对由亲缘选配所获得的后代必须进行仔细鉴定，凡体质弱、生活力衰退、生产性能下降，以及发育不良的个体均要严格淘汰。

亲缘选配的亲缘程度，由近交系数表示。近交系数大于0.78%者谓之近交；反之，为远交。不同亲缘关系与近交系数见表2-2。

表 2-2　不同亲缘关系与近交系数

近交程度	近交类型	罗马字标记法	近交系数/%
嫡亲	亲子	Ⅰ－Ⅱ	25.0
	全同胞	ⅡⅡ－ⅡⅡ	25.0
	半同胞	Ⅱ－Ⅱ	12.5
	祖孙	Ⅰ－Ⅲ	12.5
	叔侄	ⅡⅡ－ⅢⅢ	12.5
近亲	堂兄妹	ⅢⅢ－ⅢⅢ	6.25
	半叔侄	Ⅱ－Ⅲ	6.25
	曾祖孙	Ⅰ－Ⅳ	6.25
	半堂兄妹	Ⅲ－Ⅲ	3.125
	半堂祖孙	Ⅱ－Ⅳ	3.125
中亲	半堂叔侄	Ⅲ－Ⅳ	1.562
	半堂曾祖孙	Ⅱ－Ⅴ	1.562
远亲	远堂兄妹	Ⅳ－Ⅳ	0.781
	其他	Ⅱ－Ⅵ	0.781

无论何种选配，都必须贯彻选择，才能有效地提高畜群性能。育种全过程都要进行择优淘劣，任何时候都不允许选用具有相反缺点的公母羊进行交配。

为了迅速提高后代的品质，选配工作一定要细，要落实到哪只母羊配哪只公羊，否则就难以达到目的。

二、选育选留方法

（一）羔羊选育选留

对初生羔羊，选留体重大，发育良好，被毛纯白，无异质毛者，其余淘汰处理。断奶时，选留体重符合鉴定标准要求，毛丛结构良好，光泽强，匀度好，鼻面部及四肢下端允许有少量色斑。不符合此标准的，可转为育肥。

（二）育成期选育选留

体重符合鉴定标准，发育良好，体型丰满。羊毛细度 56～58 支，剪毛量高，毛丛结构良好，弯曲明显，光泽强，油脂丰富，白色或乳白色，头肢被毛及腹毛着生良好。被选留的个体按鉴定标准分别列入一、二、三、四级，一级羊中有突出优点的可列为特级。不符合标准的，可推广出场。

（三）成年期选育选留

选中的育成羊到 2～5 岁时按成年羊鉴定标准进行鉴定。鉴定项目与育成期鉴定相同，并视生产性能实际测定结果调整其等级。特级、一级羊组成育种核心群，进行重点选育，二、三、四级羊可调入一般育种场继续进行选育或推广出场。

长期实践表明，由于羊毛品质和体重等性状具有中等程度的遗传力，用表型性状鉴定的选择方法，具有较高的准确性。以上4个阶段逐步选择淘汰是一种比较有效而简便的方法。

按早期性状与晚期性状的相关性进行种公羊的早期选择。在选种过程中为了尽早发现优秀种羊，进行重点培育和及时利用，减少大量选留非理想型个体，特别是饲养公羊所增加的生产成本。实践结果表明，重点搞好断奶期羔羊的早期选择，可提高种公羊选择的准确性，及时选出优秀个体，加强培育，尽早利用。

三、母羊繁殖力性状选育

繁殖力是品种生产力高低的重要标志之一，只有母羊性成熟较早，平均每年产羔胎数多和每胎产羔数较多的品种，才能繁育大量后代和提供毛、肉生产的基础。在贵乾半细毛羊选育过程中，由于长期对羊毛性状和体重性状较重视，出生于双羔的个体常因发育较差、体重较小而引起早期死亡，或未达到选择指标被淘汰。因此，母羊的产羔率性状无意间受到负向选择。为了改变这一状况，曾选择产双羔或出生于双羔的母羊与出生于双羔或三羔的公羊进行配种。

四、优秀种公羊的选择选留

选种是家畜育种的关键环节之一，而在选种实际工作中又存在早龄选种，即阶段选种的问题。绵羊的选种也同样存在这个问题。众所周知，能否及时发现和利用优秀种公羊个体是新品系培育的关键技术之一。

种公羊选择采取早期预选、中期淘汰、后裔测定的分段选择培育方法。根据早期性状与成年性状相关，对羔羊进行早期选择，体型外貌符合育种要求、毛丛结构良好的公羔，每年选择30～40只集中在条件好的育种场，单独组群培育，到1.5岁育成鉴定时，再进行个体鉴定，选留10～15只最好的育成公羊，继续加强培育。到2岁时，选出其中最理想的个体进行后裔测定，用BLUP法进行育种值估计，选出基因型值最好的优秀特级公羊。同时，按血缘关系将选留的公羊调剂到各育种场（站）使用。根据公母羊的特点制订合理的选配方案，优秀特级公羊与特一级母羊实行个体选配，与二级、三级母羊实行等级选配。开展育种工作的乡村主要使用一级公羊和特级公羊，开展改良工作的乡村主要使用一级和二级、三级公羊。经过后裔测定的公羊与母羊选配后能将其优秀品质遗传给后代，使育种群中特一级羊出现的比例逐年都有很大提高。在养好种公羊的基础上，坚持开展人工授精，提高利用率。

（一）表型选择

大量研究表明，羊毛性状的遗传力较高，其选择也不需要考虑限性或屠宰的问题，因而直接在大群中利用表型选择有较好的效果。但是在生产实践中，断奶鉴定是公羊的第一次大淘汰时期，应当尽可能避免育成时表型值优秀的个体在这个时期被淘汰。可见早龄选择，尤其是断奶种公羊的表型选择非常重要，其中包括弄清早龄选择的准确性，确定早龄选择（包括早龄间接选择）的目标性状（种类和标准），以便提出与现阶段育种相适应的早龄选择方法，为下阶段的横交固定提供表型值优秀的杂种育成公羊。

初生公羔测定毛卷直径、皮肤厚度、毛囊层深度、毛囊宽度。断奶公羔测定活重、剪毛量、毛丛长度、羊毛细度。育成公羊测定剪毛前活重、剪毛量、毛丛长度、羊毛细度。初生性状与育成性状之间相关，其测定项目和方法为：同一个体在初生时测定毛囊大小、皮肤厚度、毛囊层深度和毛囊宽度，在育成时测定剪毛前活重、剪毛量、毛丛长度和羊毛细度。断奶性状与育成性状之间相关，其测定项目和方法为：每个个体的同一性状在断奶和育成时进行测定，其中包括活重、剪毛量、毛丛长度和羊毛细度4个性状。

在各指标中，公羊初生时的毛卷直径与育成时的羊毛细度有较强的相关关系，与育成时的毛丛长度有中等程度的相关关系。公羊初生时皮肤的毛囊层深度/皮厚、毛囊宽度均与育成时的毛丛长度有中等程度相关关系，而前两个性状与育成时的羊毛细度也有中等程度的相关关系。

活重、剪毛量、毛丛长度、羊毛细度等主要育种性状在断奶和育成之间显现中等程度相关（0.3～0.55）。这意味着断奶鉴定时可以依据断奶性状进行淘汰，但淘汰量又不能过大，否则育成表型值优秀的个体在这时被漏选的可能性就较大。因而，需要提出断奶公羔的选择标准，使漏选的可能性降到尽可能小的程度。

性状和杂种公羊类型的不同，同一性状在断奶与育成之间的相关系数也不相同，但均在中等程度相关范围内。在各性状中，剪毛量的相关程度相对较弱。公羊在断奶鉴定时的个体淘汰量相当大，断奶鉴定相对于初生鉴定显得重要得多。许多学者对同一性状（活重、毛丛长度、羊毛细度）在断奶和育成之间的相关关系进行了大量研究，结果表明，这种相关关系的变异范围较大，但基本上属于中等程度的相关。变异范围较大的原因在于特定羊群的基因型与特定环境条件的相互作用，当然也与某些基因型所特有的性状个体发育速度有关。断奶羔毛量与育成剪毛量的相关系数为0.30～0.38，仍属中等程度相关。

（二）BLUP 法选择

最佳线性无偏预测法（Best Linear Unbiased Prediction，BLUP）具有估计值无偏、估计值方差最小、可消除因选择和淘汰等原因造成的偏差等特性，获得的个体育种值具有最佳线性无偏性，是当今世界范围内主要的种畜遗传评定方法。本研究把母羊同期发情技术与后裔测定方法结合起来，解决跨场使用公羊，为 BLUP 法在新品种培育中的应用奠定基础，从而准确地估计出公羊个体育种值，满足育种工作对优秀种公羊的需要，加快了新品种培育进程。

用 BLUP 法估计种公羊的育种值。所用资料包括断奶重、毛丛长度、剪毛量、羊毛细度 4 个性状和育成时的相同的 4 个性状，利用线性方程进行计算：

$$Y_{ijki} = h_i + g_j + s_{jk} + e_{ikji}$$

式中，Y_{ijki}为第i个一年-产羔季节-性别中第j个公羊组的第k只公羊的第 1 只后裔的记录；h_i为第i个一年一产羔季节-性别的效应；g_j为第j个公羊组的效应；s_{jk}为第j个公羊组中第k只公羊的效应；e_{ikji}为随机误差效应。

将线性方程用矩阵形式表示为：

$$Y = x_{1h} + x_{2g+} z_{s+} e$$

式中，Y为观察值向量；h为场一年一产羔季节-性别效应的向量；g为公羊组效应的向量；s为公羊效应的向量；e为随机误差的向量；x_1为公羊组效应的结构矩阵；x_2为公羊效应的结构矩阵。

在模型中，h和g为固定效应，s和e为随机效应，且有E（s）＝0，Var（s）＝A。E（e）＝0，Var（e）＝1，Cov（s，e）＝0，A为公羊间的血缘相关矩阵，1 为单位矩阵，可建立混合模型方程组。方程组中的$\lambda=\delta_e^2 1\delta_s^2=(4-h^2)/h^2$，$\delta_e^2$和$\delta_s^2$分别为性状的误差方差和公畜方差，$h^2$为遗传力，各性状的误差方程和公畜方差根据 Harvey 对混合模型的最小二乘方差组分估计方法，事先估计出来，对方程组求解，即可得到各效应的 BLUP 值。第j个公羊组的第k只公羊的遗传传递力（ETA）为：$g_j + s_{jk}$。两倍的遗传传递力即为估计育种值（EBV）：$2(g_j + s_{jk})$。

BLUP 法实质是一种估计原理，具有很大的灵活性，它的最佳线性无偏性是针对一特定的数学模型而言，如果建立的模型能够比较准确地反映实际情况，那么进行估计比较准确。如果建立的模型不恰当，那么就不可能进行准确的估计。本研究表明，场效应的影响，在各种环境效应中居首位。因而消除场间差异的环境干扰，是在育种地区应用 BLUP 法对公羊进行选种的首要前提条件。也就是说，在建立数学模型时，消除场间差异的环境干扰是在该育种地区应用 BLUP 法对公羊进行选种的首要前提条件。即，在建立数学模型时，场间差异是必须首先考虑的环境因素。在规模小的特定条件下，把母羊同期发情技术与后裔测定方法结合起来，以便跨场使用公羊，消除场间差异的环境干扰。在此基础上，对公羊进行 BLUP 育种值估计。这是一种切合实际并行之有效的种公羊选种技术。

五、遗传参数评估

动物群体数量性状的遗传参数（遗传力、遗传相关和重复力）是数量遗传学的重要部分。尤其是畜群主要经济性状的遗传参数对估计育种值、规划育种方案、预测选择效果及解释数量性状的遗传机制等方面都具有重要意义。准确而可靠的遗传参数可以提高种畜选择的准确性，进而提高畜群的遗传进展和育种效果，因此必须定期进行畜群遗传参数的估计工作。而计算遗传参数的基础则是方差组分的估计。多年来，国内外动物遗传育种学家对方差组分估计进行了大量研究，从早期的经典方差分析法发展到近几十年应用混合模型对不均衡资料进行方差组分分析的许多方法。同时，也取得了很多遗传参数估算方面的研究成果。特别是澳大利亚、新西兰、南非、美国和西欧等养羊业发达国家，对主要毛用、肉用和兼用型绵羊品种的遗传参数进行了深入研究。

（一）遗传参数估计方法

遗传参数估计是家畜育种工作的一项基本任务，因为育种方案的制订必须以准确、可靠的遗传参数估计为前提条件。数量性状的群体遗传参数是数量遗传学的重要部分。遗传参数评估的数据主要来源于在动物各生长阶段进行表型测量得到的表型资料、系谱资料和分子标记信息。数量遗传学则是统计学和遗传学的有机结合。从统计学来讲，遗传参数估计可归结为方差组分的估计，而如何提高方差组分估计的准确性正是育种学家一直所追求的。随着计算机技术和数量遗传学的发展，统计分析模型和估计方法层出不穷，包括 ANOVA 法、Henderson 法、MIVQUE 和 MINQUE 法、ML 和 REML 法、Bayesian 法、Gibbs 抽样法、R 方法等。

（二）亲权鉴定及系谱分析

在遗传参数估计中，由于要利用各种亲属的表型资料，准确的系谱是进行遗传参数估计的基础。通过正确的系谱可以了解公羊的育种价值，并可避免群体近亲繁殖，对提高绵羊的生产和繁殖育种有重要意义。

一般在家畜育种中是通过亲缘鉴定技术鉴别个体身份、修正错误系谱信息的方法来校正系谱的。亲权鉴定的方法依据材料不同可以分为很多种，如利用表型标记、系谱记录、血型、蛋白质多态、同工酶、在 DNA 水平进行鉴定等。

（三）遗传参数评估

1. 影响遗传参数的因素　群体遗传参数是性状、群体和环境的综合体现。

因此，当群体遗传结构和环境条件改变时，都会影响到性状的遗传参数。对某个性状来说，控制它的基因加性效应越大，遗传力就高；反之，就低。对群体而言，控制某一性状的遗传一致性越弱，群体遗传变异越大，估计的遗传力较高，如在一个品种培育的初始阶段，由于引进多个品种进行杂交以获得丰富的遗传变异，此时估计的遗传力相对较高；相反，在一个经过闭锁繁育或选育提高的品系里，随着群体基因纯合度加大，遗传变异就会减少，所估计的遗传力就偏低。此外，扩群期间的择优选择淘汰了大量成绩一般的个体，也会导致加性方差下降，所估计的遗传力也会偏低。

共同环境效应造成的亲属间的环境相关对遗传力的影响。在环境相关中最为重要而且难以用试验加以消除的是母体效应。不同性状的母体效应是不同的，如果它的影响很大，进行遗传力的估计则应在常规模型上添加母体效应，而且计算所用资料的结构和选用的模型均会影响母体效应。贵乾半细毛羊为单胎绵羊品系，以产单羔为主，母性较强，并且其泌乳量完全能够满足羔羊生长的需要。所以，初生重、断奶重和断奶毛长的母体效应很低。在预分析中，估测得到的母体效应趋近于0，所以在最后的分析模型中没有考虑母体效应。当然，在以后的分析中，还需要加大样本含量做进一步分析。

2. 早期性状的变化趋势　贵乾半细毛羊是经过多品种多年的复杂杂交培育出来的一个新品种，具有较好的产毛性能和产肉性能。该品种扩群以来，经过不断的选育提高，羊群的整个生产水平得到进一步改善，遗传性能更加稳定。贵乾半细毛羊在培育和选育过程中已有大量研究。由于研究的样本数量不同，群体所处的遗传结构不一样等原因，使得早期性状参数在各研究中并不一致。

3. 后期性状的变化趋势　由于群体所处的遗传结构不一样，也影响到后期性状的变化趋势。

4. 参数选择　年度、性别和产羔季节对断奶重和断奶日增重影响显著；年度和产羔季节对断奶毛长影响显著；年度和性别对初生重、1.5岁重、1.5岁毛长、1.5岁剪毛量和1.5岁羊毛纤维直径影响显著。在构建贵乾半细毛羊早期选育的选择指数时，应对初生重和断奶毛长赋予较大的权重，而赋予断奶重和断奶日增重较小的权重，从而达到更好的选择效果。

5. 贵乾半细毛羊遗传参数评估　贵乾半细毛羊养殖区域集中在云贵高原，其遗传特性和生长性状由于高原地区独特的环境影响不同于其他半细毛羊品种，对贵乾半细毛羊的生长性状进行遗传参数估计的研究，对了解该品种遗传特性以及对该品种进行选育具有重要意义。

在国家绒毛羊产业技术体系毕节综合试验站等项目支持下，李丽娟等（2014）采用不同模型估计了贵乾半细毛羊的生长性状遗传参数，并采用赤池信息量准则（AIC）指数对不同模型进行了比较。

评估遗传参数的数据来源于贵州省毕节威宁种羊场2004—2010年场内生产性能测定的原始记录，首先对数据进行预处理，去除无系谱记录、无生产性能记录、个体号记录错误、无性别记录以及表型记录错误的个体。模型中选择场年季效应和性别作为固定效应，场分为2个水平，年度效应按自然年度划分，季节效应根据试验场当地的气候特点划分为4个水平（春、夏、秋、冬）。性别分为公、母2个水平。为了减少固定效应的水平数，将场、年、季节合并为一个效应。分析的生长性状包括羔羊初生重、4月龄断奶重、周岁重（12月龄）和成年重（24月龄）。各生长性状统计分析见表2-3。

表2-3　各生长性状统计分析

性状	羔羊初生重	4月龄断奶重	周岁重	成年重
样本数	4 568	3 765	3 563	3 327
体重最大值/kg	6.8	37.8	44.60	103
体重最小值/kg	1.6	10.5	21.69	41
平均体重/kg	3.65±0.49	22.35±3.31	32.57±4.4	50.69±6.93
变异系数	0.17	0.14	0.13	0.18

采用3种单性状动物模型估计贵乾半细毛羊生长性状的遗传参数，各模型中均包含固定效应、随机效应和残差效应。不同模型对随机效应做了不同考虑：模型1中随机效应包括个体加性遗传效应，模型2中包括个体加性遗传效应、母体遗传效应，模型3中包括个体加性遗传效应、永久环境效应。相应的模型表达式如下：

$$y = X_b + Z_a + e$$

$$y = X_b + Z_a + Z_m + e$$

$$y = X_b + Z_a + Z_s + e$$

式中，y为个体观察值向量；b为固定效应向量（场年季效应、性别效应）；a为动物个体加性遗传效应向量；m为母体遗传效应向量；s为永久环境效应向量；e为残差效应向量；X、Z分别是固定效应和个体加性遗传效应的结构矩阵；Z_m和Z_s分别是母体遗传效应和永久环境效应的结构矩阵。

为了尽可能地估计到真实的遗传参数，不同模型方差组分估计准确度以赤池信息量准则（AIC）作为评价标准，AIC信息指数的公式为：

$$AIC = -2\log L + 2p$$

式中，L为最大似然函数；p为需要估计的参数的个数；AIC信息指数可以反映模型中需要估计的参数的个数对估计效果的影响。不同模型的AIC标准值越小，模型方差组分估计效果越好。用 DMU6.0 软件包的 DMUAI 模块进行方差组分和遗传参数的估计，算法采用平均信息和期望最大结合（AI-EM）算法，该算法具有收敛速度快、参数估计值不会跳出样本空间的优点（表 2-4）。

表 2-4　不同生长性状的个体动物模型的方差组分（kg）

性状	模型	σ_y^2	σ_a^2	σ_m^2	σ_s^2	σ_e^2	h^2	σ_e^2/σ_y^2	$Ra-m$
初生重	1	0.294	0.111			0.183	0.378	0.622	
	2	0.324	0.068	0.014	0.001	0.212	0.209	0.656	0.566
	3	0.290	0.111			0.182	0.383	0.627	
断奶重	1	5.584	1.634			3.998	0.293	0.716	
	2	5.614	1.423	0.223	0.001	3.915	0.254	0.697	0.072
	3	5.622	1.537			4.064	0.273	0.723	
周岁重	1	8.788	3.025			5.775	0.344	0.657	
	2	8.776	2.830	0.139	0.001	5.712	0.322	0.651	0.153
	3	8.569	1.925			6.646	0.225	0.776	
成年重	1	23.165	5.124			18.029	0.221	0.778	
	2	23.124	5.227	0	0.001	18.023	0.226	0.779	0.225
	3	23.862	9.534			14.381	0.400	0.603	

注：σ_y^2，表型方差；σ_a^2，个体加性遗传效应方差；σ_m^2，母体遗传效应方差；σ_s^2，永久环境效应方差；σ_e^2，残差效应方差；h^2，遗传力；σ_e^2/σ_y^2，残差效应；$Ra-m$，加性遗传效应与母体遗传效应的相关性。

结果表明，各模型估计的初生重遗传力为 0.209～0.383；断奶重遗传力为：0.254～0.293；周岁重遗传力范围为 0.225～0.344；成年重遗传力范围为 0.221～0.400。模型间比较结果表明，对于初生重和断奶重，模型 2 估计效果最优；对于成年重，模型 1 估计效果最优；生长性状中初生重、断奶重受母体遗传效应影响显著；周岁重和成年重受母体效应影响不显著。

第四节　贵乾半细毛羊选育的阶段

贵乾半细毛羊选育的技术过程经历了以下 3 个主要阶段：杂交改良、育成杂交、横交固定和自群扩繁阶段。

李孟年等（1997）从山区分散养殖户的客观实际出发，在有较好养羊条件的威宁、赫章、毕节、大方 4 个县，组织科技人员 30 人参加协作，在 13 个区 17 个乡扶持养羊专业户 162 户，共饲养半细毛羊 5 547 只，有计划地使科技户连成相对集中的改良片区。以专业户羊群为基础，开展杂交改良和横交固定，推广农民饲养半细毛羊，以形成半细毛羊推广与育种相结合的基础，同时以国有场为骨干，培育品种核心群，并确定了选育亲本、杂交育种方案、理想型主要性状指标及技术措施。

（一）基本特性及生产性能

本地粗毛羊：体质结实，合群性强，耐粗放管理，对高寒山区适应性强，但生产性能低。据测定，成年母羊体重为26.5kg，产毛量0.65kg，毛被由粗毛、绒毛、两性毛、干死毛组成，毛纤维长短不一，繁活率一般为50%～60%，成年去势羊屠宰率为40%～42%。

美利奴羊：成年公羊体重70kg，产毛量7.0kg，毛长7.5cm，羊毛细度为60～64支。

考力代羊：对高寒山区适应性较好，耐粗放管理，采食力强，对牧草选择不严格。成年公羊体重70kg，产毛量6～7kg，毛长11～12cm，羊毛细度50～56支。

（二）杂交育种方案

确定半细毛羊改良方向以后，拟订了上述的3个品种进行复杂育成杂交方案，目的是培育考力代型的贵州毛肉兼用半细毛羊新品种。第1步，本地母羊用细毛公羊杂交1～2代，获得基本同质的细毛杂交羊；第2步，用半细毛种公羊与细毛杂交母羊杂交，获得半细毛杂交羊，选育理想型的半细毛杂交羊进行横交固定，培育出半细毛羊新品种。

（三）理想型主要性状指标

贵乾半细毛羊新品种理想型主要性状指标见表2-5。

表2-5 贵乾半细毛羊新品种理想型主要性状指标

年龄段	剪毛后体重/kg	污毛量/kg	毛长/cm
成年公羊	55	4.8	11
成年母羊	35	3	9
育成公羊	40	3.5	11
育成母羊	28	2.5	9

（四）主要技术措施

1. 建立育种协作组织，狠抓绵改工作 1985年，组织育种协作组，由8个单位的30个科技人员参加育种协作，制订了协作协议及有偿贷款合同书，开展有偿扶持专业户养羊，每户饲养能繁母羊20只以上，科技人员每人技术承包5～10户，重新组织羊群，开展半细毛羊的杂交改良和育种工作，同时用以点带面的工作方法，狠抓面上绵改工作。

为了加强课题的管理和强化技术工作，制订了“三定两查一兑现”制度。“三定”：一定每年召开协作组会议1次，汇报全年工作情况，交流经验，布置来年工作及指导技术要领；二定每年终按期统计各养羊生产及经济收入状况的报表；三定建立每个协作组成员个人课题技术档案，每年把个人的报表及专题材料、工作总结等装入个人档案，以备查对课题贡献大小及为今后职称技术水平评定作参考。“两查”，即每年组织不定期地到各县各地养羊户进行检查，检查养羊情况及督促检查各县各点按合同收回养羊贷款。“一兑现”，即根据当年协作组成员工作进度快慢及专题材料多少、质量高低，兑现课题工作辛苦奖。及时把握课题情况，及时制订对策，有力推动课题顺利进行，同时也提高了科技人员的工作积极性。

2. 建立育种基点，坚持定期鉴定整群 育种基点建立在威宁甘家院、赫章野里乡和地区马干山牧垦场。每年都组织对养羊科技户和家庭牧场的初生羔羊、断奶羊、周岁羊、成年羊进行个体鉴定，种公羊每年鉴定1次。羔羊打耳编号，当年对羔羊鉴定后，把特级、一级羊作后备羊留下外，其他于当年及时处理，出售给当地农户饲养。推广优良品种。每年入冬前，将群内生产性能不太高和老弱病残羊淘汰。各县的协作人员，每年相应地对扶持的养羊科技户进行整群鉴定，帮助调整羊群，不定期地组织检查和参加各地的联合鉴定，使养羊科技户的羊群不断更新，逐步建立稳产高产的品种羊群。

威宁种羊场的凉水沟分场，在培育贵乾半细毛羊品种群中，每年全部进行整群鉴定，对初生羊、断奶羊、育成羊、成年羊都组织个体鉴定，并与行政管理部门联系，及时推广等级内三级、四级种羊，处理淘汰等外羊只，以保证培育半细毛羊核心群和提供育种的合格半细毛种公羊。

3. 认真做好种公羊的选择和培育 对种公羊除做个体鉴定外，每年还对其后裔进行观察和鉴定，进行综合评价使养羊科技户都配备上优良种公羊。后备公羊主要从一级公母羊后代中选留，并进行适当补饲，加强培育，为广大农村羊群改良提供种羊。162户养羊科技户需要的种公羊，除少数是自群繁育选留外，主要由国有场提供特级、一级公羊。种公羊在配种季节和冬春寒冷的枯草季节，予以补饲。

4. 横交固定，加快新品种培育步伐 通过6年的杂交改良和整群鉴定，不断开展品种选育工作，专业户羊群的半细毛母羊基本上达到理想型一级、二级，并在理想型的羊群中进行横交固定，非理想型的母羊继续用优良半细毛羊选配。

威宁种羊场、马干山牧垦场培育的贵乾半细毛羊品种群，则以理想型的公母羊进行互交，非理想型的母羊用理想型公羊选配。国有场的半细毛羊群都已互交3～5代；有半数以上的养羊专业户，半细毛羊也互交2～3代。

5. 加强选种选配，逐步建立品种选育体系 在杂交育种过程中，侧重选好用好公羊。国有场参加协作的任务之一是重点培育和提供优秀合格的种公羊。专业户认识到对一级和等级内母羊群用最优秀的公羊选配。而专业户羊群中，非理想型半细毛母羊，也用了优良的互交公羊选配，结合每年秋季整群，淘汰出售劣质母羊。这样，有力促进了群体生产水平的提高和遗传性的稳定与纯化。

以威宁种羊场和马干山牧垦场为骨干，培育半细毛羊核心群和提供合格的种公羊，以各县改良育种片区的养羊专业户为基础，每年从两个国有场引入优秀种羊，在育种羊群中使用；又将专业户羊群中繁殖培育出来的优良公母羊，再提供给广大农户饲养，初步形成了育种的三级繁育体系。

6. 改善饲养管理条件 贵乾半细毛羊一般依靠天然草场放牧，少数养羊专业户有自己的人工草地。养羊专业户普遍种草储草，增加补饲，加强良种的培育。

冬春在海拔较低的山谷湿地放牧。夏季牧草青嫩，转到气候凉爽的高山牧地抓“肉膘”。秋季逐渐向秋收后农作地移牧，利用营养丰富的牧草籽实抓“油膘”，并组织羊群配种。入冬后，产羔前给羊群适当补饲青干草、豆秆、糠壳及少量精饲料，产羔母羊补饲精饲料2.5～5kg。近年来，许多养羊专业户种草养羊得到很好的经济效益，改变了山区广种薄收，把退耕地种上黑麦草、三叶草，一部分作为抓膘和母羊产羔期放牧地；另一部分收割青干草，储备越冬饲草。采取防潮、防冻、防饿，勤早牧、勤垫圈、勤补饲、勤治疗措施，确保羊群健康发展。

7. 搞好疫病防治 养羊专业户和国有场的羊群，都把防治羊疥癣病当作养羊的重点工作来抓。每年坚持剪毛后药浴，有疥癣病的羊群及时治疗。清除圈粪时用石灰水或草木灰水消毒畜圈，有效地防治疫病流行。坚持每年春秋两季驱虫，预防羊群体内寄生虫病。

8. 积极培训绵改育种技术人才 采取技术培训与现场技术指导的方法，使科技人员掌握养羊知识。举办培训协作组科技干部育种技术训练班，组织现场联合鉴定，结合每年年终总结，以会代训，培养和提高了科技人员的绵羊改良与育种技术水平，培养年轻的、新的科技工作者，加强养羊科技力量。同时，给养羊专业户举办科学养羊技术训练班，结合生产实践使他们能运用科学知识选育良种，养好半细毛羊。

一、杂交改良阶段及成效

为了适应经济发展的需要，在贵州省委省政府支持下，1954—1972年，贵州进行了本地绵羊改良工作。1954 年，贵州省农林厅在威宁县建立种羊场，同年从甘肃引入考力代羊 200 余只（系新中国成立前从新西兰引进，饲养在甘肃省甘盐池种羊场等地）用来改良本地粗毛羊。考力代羊对高寒山区适应性较好，耐粗放管理，采食力强，对牧草要求不高。成年公羊平均体重 70kg，产毛量 6～7kg，毛长 11～12cm，羊毛细度 50～56 支。为了提供更多的种源，1958 年，又从新疆巩乃斯种羊场引入新疆细毛羊 300 余只。新疆细毛羊是 1954 年在巩乃斯种羊场培育而成的我国第 1 个细毛羊品种。1959 年，又进口苏联美利奴羊 200 只。美利奴羊为半细毛羊品种，成年公羊平均体重 70kg，产毛量 70kg，毛长 7.5cm，羊毛细度为 60～64 支。

采用新疆细毛羊、苏联美利奴羊和本地粗毛羊杂交二三代得到细毛杂种羊，其被毛同质或基本同质，体重大、产毛量多、收益好，较本地粗毛羊有很大改进。杂种羊深受群众欢迎，发展较快。1972 年底，全省绵羊总数达 30 万只，其中杂种羊 10 万只。1972 年，威宁县有杂种羊 14.8 万只，改良面达 60%，其中细毛杂种羊约占 50%，半细毛杂种羊占 20%左右，其余 30%是含有不同程度外血的回交羊（表 2-6）。

表 2-6　细毛杂种羊和本地粗毛羊的部分指标

品种	性别	体重/kg	产毛量/kg	被毛同质性
细毛杂种羊	♀	37.20	3.61	基本同质
本地粗毛羊	♀	28.20	0.74	被毛异质

二、育成杂交阶段及成效

1973—1979 年，为贵乾半细毛羊的育成杂交阶段。1973 年 10 月，贵州省农林局召开了全省绵羊种科技协作会议，根据全国绵羊区域规划，结合贵州省情况商定贵州绵羊改良方向，制定了《贵乾半细毛羊育种试行方案》，确定贵州省绵羊改良方向是半细毛羊。会议形成了《贵州省绵羊育种科技协作会议情况报告》，商定了育种目标。培育工作主要集中在威宁种羊场、毕节马干山牧垦场和盘州市坡上牧场等 3 家国有农牧场和特定专业户内进行。从此，全省绵羊改良工作有了明确的方向，即半细毛羊的育种。

1974 年 3 月，贵州省绵羊育种协作组对威宁、赫章、纳雍、大方、毕节、六盘水盘州市和水城特区 7 个县（市）的绵羊进行了联合鉴定与调查，各类杂种羊占调查总数的 74.3%。其中，同质和基本同质白色的占 55.1%，异质白色的占 33.5%，异质杂色的占 11.4%。

1974 年，从青海东湖种羊场引入英国罗姆尼羊，对已获得的大量同质细毛杂种母羊用考力代羊和罗姆尼羊公羊进行复杂杂交，得到“考细杂”“罗细杂”“罗考细杂”组合的后代。为培育贵乾半细毛羊选择适宜的杂交组合，研究了不同半细毛羊品种与不同代数的半细毛杂种羊后代的品质，最后确立了主要杂交组合，即新疆细毛公羊和本地粗毛母羊杂交组合。用杂交二代母羊与考力代公羊进行级进杂交，形成考细杂羊，并且以含3/4考力代羊血统的组合为适宜。对考细杂羊的毛细度、毛长和体重进行考察发现，都有进一步改善和提高，肉用体型更为明显。

威宁种羊场于1977—1978年从云南省寻甸种羊场引入林肯羊鲜精液进行杂交改良提高生产性状，使贵乾半细毛羊增加了1个新的父本。

1979年，贵州省畜牧局根据全省5年来培育贵乾半细毛羊的工作实践，特别是针对生产水平偏低，饲养管理条件有限，对原定育种指标进行了部分修订。后来，贵乾半细毛羊在级进杂交后形成了考细杂羊，均达到了修订目标的要求（表2-7）。

表2-7 细毛杂种羊与考力代羊杂交的效果

组合	年龄	只数	性别	产毛量/kg	毛长/cm	体重/kg	细度/支
1/2考血	1周岁	20	♂	5.10±1.08	11.40±0.28	46.60±5.18	56～58
1/2考血	1周岁	21	♀	3.90±0.82	10.20±0.44	35.10±4.21	56～58
3/4考血	1周岁	18	♂	6.10±1.21	12.10±0.32	51.10±4.68	56～58
3/4考血	1周岁	14	♀	4.20±0.78	12.00±0.27	35.80±3.18	56～58
细杂羊			♀	3.61	7.18	37.2	64

三、横交固定与自群扩繁

1980—1990年，贵乾半细毛羊的选育进入横交固定阶段。在“考细杂”和部分“罗细杂”“罗考细杂”组合的后代中选择贵乾半细毛羊理想型公母羊进行横交固定，尽可能地将杂交阶段从亲代获得的优良性状传递给后代，通过自群繁育，进一步提高其生产性能。对于横交公羊进行综合考评，本身表型值出现不理想或配种能力减弱，或其后裔、半同胞成绩太差者，随时淘汰。1985年，贵州省科学技术委员会下达“贵乾半细毛羊培育阶段成果推广”课题，1982年发展5户科研户，到1987年发展到168户，1985—1990年168户科研户养羊现金收入119.09万元，加上现有羊只折款55.47万元，共计174.56万元，户均1.04万元。共为国家创税8.5万元。

在发展科研户的同时以科研户为中心，向周围农户进行辐射，以促进绵羊生产发展。据不完全统计，1989年毕节地区养20～30只绵羊的科研户有

4 000 多户，全地区绵羊饲养量达 36.4 万只，达历史最高水平；产毛量从 1984 年的 1.125kg/只提高到 1989 年的 3.00kg/只，90%以上的养羊专业户年收入超千元，基本实现脱贫致富。把这一经验推广到全省绵羊生产中，带动了全省绵羊生产发展，为贵乾半细毛羊的培育进一步打下良好基础。1982—1989 年，向附近数省、地、县推广种羊 2 860 只。

1987 年，对重点场、户饲养的 2 105 只贵乾半细毛羊的生产性能与羊毛品质进行测定分析，其产毛量、毛长均超过原定育种目标要求；母羊体重已达到或略超过原定育种目标要求；细度 50～58 支的占 72.52%～96.83%，符合育种指标对主体细度的要求。贵乾半细毛羊的各项指标基本满足 1979 年修订的指标要求；经屠宰率测定，秋季在带被毛的情况下，屠宰率为 45.49%～49.13%，剪秋毛后 10～11 月龄当年羔的屠宰率为 50.63%，也符合育种指标要求；产羔率在 105%～107%，超过育种指标产羔率的要求。

（一）提高羊毛细度群体整齐度的选育

羊毛细度的遗传力较高，国内外养羊界的学者对此已取得共识。这表明依据羊毛细度的表型值进行育种是可行的。在国外，对于以粗毛羊为基础杂交育成的半细毛羊的羊毛细度研究，以苏联学者为多。他们从选种、选配方面采取相应技术措施使群体羊毛细度遗传稳定。断奶鉴定时期是群体淘汰量最大的阶段，这时的选择很重要。羊毛细度随着年龄变化而变化，其中以断奶到育成羊阶段的变化为最大，1～1.5 岁的羊毛细度比 4 月龄增加 1～2 个品质支数。

（二）以提高净毛量为主要目标

通过选择具有不同优点的公、母羊建立贵乾半细毛羊高净毛量品系，在重点提高产毛量的同时，进行了选择不同细度的公母羊的选配试验，筛选出了羊毛细度为 56～58 支的个体的选配方案，实现了提高羊毛细度的群体整齐度目标。为下一步提高和稳定品种的产毛性能，最终育成毛品质好、净毛产量高、羊毛群体整齐度好、能适应规模化养殖生产需要的优良半细毛羊新品种奠定基础。

（三）提高贵乾半细毛羊产羔率

贵乾半细毛羊经过多年培育，在羊毛的自然长度、细度、产毛量和个体重等性状方面，已达到或超过国家规定的育种标准。但该品种产羔率偏低，与外国同类品种相比还有较大差距。因此，提高贵乾半细毛羊的产羔率是该品种在进一步选育中亟待研究解决的课题。绵羊的产羔率遗传力较低，只有 0.1 左右，受环境条件因素影响较大，提高贵乾半细毛羊的产羔率必须采取综合技术措施，采取对繁殖性状进行直接选择的方法结合改善饲养管理等措施，探索提高贵乾半细毛羊产羔率的途径。

第五节　贵乾半细毛羊选育提升成效

李孟年等（1991）本着科研与生产相结合的精神，一手抓养羊生产发展，扶持和推广专业户养羊；一手抓半细毛羊的改良育种，经过多年努力，主要育种指标已达到或超过了新品种的要求。体型外貌表现为头较短，鼻梁稍拱，颈短适中，胸部稍宽，体躯丰满，四肢粗壮，略呈正四方形，被毛全白，毛被覆盖头部至两眼连线，前肢至腕关节以下，后肢至尾节，套毛呈开放型或半开放型毛被，毛束呈波浪弯曲，弯曲从明显至不明显，光泽较好，油汗适中，呈白色或淡黄色，头、耳和四肢下部着生刺毛处间或有黑色斑点。

一、体重与体尺指标

成年母羊，不论国有场还是农户养羊体重都超过了育种要求，由于母羊产冬羔，冬春补饲不足，对断奶羔羊的生长发育有一定影响。家庭牧场和农户的种公羊因长期混群放牧和冬春补饲不足，体重稍偏低。羊群到夏秋季节，膘肥体壮。测重126只，平均体重比春季提高39.24％。增膘能力强，表现出较好的肉用性能。

二、羊毛的物理特性与工艺性能

1. 羊毛细度　经实验室测定，羊毛细度50～58支，主体细度为56支，达到了育种指标要求。由于农户养羊受季节变化的影响，冬春毛束基部都出现饥饿痕，羊毛纤维变细，所以加强冬春羊群饲养管理尤为重要。

2. 羊毛伸直长度　测定羊毛自然长度平均为10.28cm，伸直长度平均为13.30cm，伸直率为29.38％。

3. 羊毛的强伸度　贵乾半细毛羊纤维强度为14.32g，断裂伸长度为45.78％，符合国家对半细毛的标准要求。说明贵乾半细毛羊毛纺织品耐磨性好，富有弹性。

4. 羊毛弯曲与油汗颜色　贵乾半细毛羊羊毛多为明显的波状弯曲，油汗多为白色或淡黄色，油汗颜色与选种有关，油汗在毛束长度中约占1/2，油汗适中。

5. 对贵乾半细毛的工艺性能验证评价　符合国家毛纺工业对一级毛品质的要求，羊毛的品质、支数、长度、强力、细纺断头率等都达到了部定标准，重庆毛纺厂、武汉毛纺厂、上海毛纺厂、都匀毛纺厂、毕节毛纺厂纷纷洽谈订货。毕节毛纺厂用科技化羊毛代替进口毛，其光泽、白度、长度、细度、净毛率等都与进口羊毛相似，生产的毛毯、粗纺呢绒等产品性能良好，深受欢迎，其中毛毯、海军呢等都分别获得省优质产品奖。

三、产肉性能

屠宰4只中等营养水平的羯羊，周岁羯羊屠宰率为47.36%，2岁成年羯羊屠宰率为52.92%，超过了育种指标。

四、繁殖性能

产羔率为106.59%，超过了育种指标，国有场育成率比农户高。各年的水平也随着当年气候条件变化而变化。冷冻时间长、草料不足，严重影响繁殖率和成活率。

五、适应性和变异性

经过长期选择和培育，贵乾半细毛羊对贵州高原山区的自然生态条件和粗放的生产管理方式，也具有良好的适应性。毛肉生产力与羔羊繁殖成活率继续提高，对饲养管理条件的改善反应明显。秋季抓膘后，体重比春季剪毛后有很大提高，抓膘能力为139.24%。国有场和科技户的羊群，互交的公母羊后代中，白色同质率都在90%左右；初生羔羊优、中等也在80%以上，说明了贵乾半细毛羊经多代互交和选种后，遗传性已基本稳定。

第六节 贵乾半细毛羊选育前后的对比

在国家绒毛用羊产业技术体系专项资金资助下，宋德荣等（2014）对贵乾半细毛羊选育前后的生产性能进行对比研究，结果表明，通过选育，贵乾半细毛羊生产性能获得显著进展。

对比试验地点为贵州省毕节市牧垦场、威宁县种羊场、威宁县盐仓镇甘家院子村和高峰村、赫章县兴发乡中营村和中寨村，选育群规模分别为1 130只、1 460只、3 870只、2 730只，共计9 190只。

通过选育，观察和测定贵乾半细毛羊生长发育、繁殖性能、产肉性能、产毛性能水平。试验方法为，采取把核心群建在种羊场和重点户、基础群建在一般农户中，采取先闭锁繁育后开放式选育的方法。组建核心群时，首先，抽样测定自然群体的体尺体量、剪毛量、羊毛长度，并调查繁殖性能，掌握选育前的生产水平，同时参考《贵州省畜禽品种志》制定种羊初步选择标准；其次，采取表型选择优选种羊；最后，开展1～2年的闭锁繁育，最后进行核心群开放式选育。种公羊依据自身表现和后裔测定成绩选择，种母羊根据制订的综合选择指数选择。核心群开放式选育是把核心群中培育的优良个体推广到基础群中去，基础群生产的优良个体又可吸收到核心群中来，实现优良基因双向流动，以加快选育进展。结果表明，选育前，生产性能有退化现象，个体参差不齐。选育后，贵乾半细毛羊生长发育水平同年龄个体相当，羊毛主体细度56～58支，生产性能得到提高，遗传性能稳定。

一、体重指标

选育后核心群和基础群的周岁、成年公母羊体重均极显著高于选育前（$P<0.01$），周岁公、母羊平均体重分别提高10.58%、11.50%，成年公、母羊平均体重分别提高5.88%、6.99%；与《贵州省畜禽品种志》中的相关数据进行比较，周岁公羊体重低3.37%、母羊体重提高9.93%，成年公、母羊的体重分别提高3.58%、15.51%。选育前后核心群和基础群的公母羊初生体重、4月龄体重差异不显著（表2-8）。

表2-8 选育前后贵乾半细毛羊体重指标对比

年龄	性别	选育前后	核心群				基础群		平均体重/kg
			威宁县种羊场		毕节市牧垦场		盐仓和兴发		
			数量/只	体重/kg	数量/只	体重/kg	数量/只	体重/kg	
初生	♂	选育前	52	4.05 ± 0.41	45	3.93 ± 0.82	66	3.88 ± 0.71	3.95
		选育后	52	4.22 ± 0.86	45	3.97 ± 0.67	66	3.97 ± 0.67	4.05
	♀	选育前	69	3.93 ± 0.89	56	3.82 ± 0.93	58	3.79 ± 0.55	3.85
		选育后	69	4.01 ± 0.73	56	3.88 ± 0.66	58	3.88 ± 0.66	3.92
4月龄	♂	选育前	78	25.71 ± 3.92	48	24.56 ± 4.32	56	20.72 ± 3.58	23.66
		选育后	78	26.53 ± 4.21	48	25.33 ± 5.43	56	21.55 ± 4.38	24.47
	♀	选育前	65	24.91 ± 3.68	62	23.47 ± 4.51	67	18.81 ± 4.02	22.4
		选育后	65	25.53 ± 4.09	62	24.54 ± 5.57	67	19.74 ± 3.98	23.27
周岁	♂	选育前	75	42.79 ± 8.164^{B}	64	40.58 ± 6.73^{B}	87	35.86 ± 5.60^{B}	39.74
		选育后	75	46.48 ± 9.054^{A}	64	44.69 ± 9.74^{A}	87	40.68 ± 5.41^{A}	43.95
	♀	选育前	50	40.53 ± 5.942^{B}	52	38.36 ± 5.75^{B}	50	34.76 ± 4.86^{B}	37.88
		选育后	50	44.66 ± 5.348^{A}	52	43.22 ± 4.56^{A}	50	38.84 ± 4.50^{A}	42.24
成年	♂	选育前	38	59.53 ± 5.876^{B}	48	57.81 ± 7.34^{B}	38	54.39 ± 3.36^{B}	57.24
		选育后	38	62.68 ± 6.094^{A}	48	61.11 ± 6.52^{A}	38	58.03 ± 3.27^{A}	60.61
	♀	选育前	178	44.59 ± 4.852^{B}	173	43.59 ± 5.37^{B}	134	42.99 ± 6.54^{B}	43.72
		选育后	178	47.62 ± 5.971^{A}	173	46.84 ± 6.23^{A}	134	45.88 ± 6.56^{A}	46.78

注：同年龄、同性别、同列数据后不同大写字母表示差异极显著（$P<0.01$），相同字母或无字母表示差异不显著（$P>0.05$）。成年羊是指2岁以上的羊。

二、体尺指标

选育后基础群周岁公、母羊体长分别比选育前提高3.12%、6.61%，体高分别提高3.48%、6.69%，胸围分别提高2.21%、1.04%，选育前后体长、体高、胸围差异不显著；基础群成年公、母羊体长分别比选育前提高2.37%、2.46%，体高分别提高3.68%、4.35%，胸围分别提高1.36%、2.41%，选育前后体长、体高、胸围差异不显著（表2-9）。

表2-9　选育前后贵乾半细毛羊基础群体尺指标对比

年龄	性别	试验羊数量/只	选育前后比较	体长/cm	体高/cm	胸围/cm
周岁	♂	42	选育前	67.64±6.48	62.36±4.86	79.68±10.67
		53	选育后	69.75±5.42	64.53±5.42	81.44±9.78
	♀	76	选育前	63.53±5.38	58.64±4.32	78.65±8.55
		37	选育后	67.73±3.85	62.44±4.83	79.47±7.22
成年	♂	45	选育前	77.73±5.87	64.39±5.62	93.84±6.93
		48	选育后	79.57±6.24	66.76±6.34	95.12±7.56
	♀	55	选育前	71.88±5.76	62.72±4.65	87.51±7.32
		52	选育后	73.65±6.54	65.45±5.73	89.62±6.87

三、繁殖性能

在配种过程中，主要推广人工授精技术。人工授精是提高母羊繁殖水平的有效途径，可减少本交造成的生殖道感染或疾病，以提高母羊受胎率。随机对379只已配母羊进行统计，人工授精母羊占80.21%，本交母羊占19.79%，人工授精复配率为5.28%，人工授精技术得到有效应用。贵乾半细毛羊选育，坚持以优配优、以优配中的原则，选育后产羔率、断奶成活率、繁殖率、繁殖成活率分别比选育前提高2.41%、0.21%、2.03%、2.25%，其中产羔率比《贵州省畜禽品种志》上的105.07%提高2.17%（表2-10）。

表2-10　选育前后贵乾半细毛羊繁殖性能指标对比

地点	选育前后	适繁配种母羊数量/只	分娩母羊数量/只	产羔数/只	断奶成活数/只	产羔率/%	断奶成活率/%
威宁县种羊场及毕节市牧垦场	选育前	195	171	179	168	104.68	93.85
	选育后	224	198	210	198	106.06	92.29

（续）

地点	选育前后	适繁配种母羊数量/只	分娩母羊数量/只	产羔数/只	断奶成活数/只	产羔率/%	断奶成活率/%
盐仓及兴发养羊户	选育前	114	98	103	98	105.10	95.15
	选育后	168	142	155	147	109.15	94.84
平均	选育前	—	—	—	—	104.83	94.33
	选育后	—	—	—	—	107.35	94.52

四、产肉性能

在赫章县兴发选育点对贵乾半细毛羊进行屠宰测定，选育后成年公羊屠宰率、净肉率比选育前分别提高 3.43%、8.59%，并比《贵州省畜禽品种志》中的 20 月龄羯羊屠宰率（48.84%）低 1.08%。羯羊易育肥，同样是选育后的成年羯羊和成年公羊，前者屠宰率比后者提高 9.54%，周岁羯羊屠宰率与选育前后的成年公羊相近（表 2－11）。

表 2－11　选育前后贵乾半细毛羊产肉指标对比

年龄	选育前后	数量/只	选育前活体重/kg	胴体重/kg	屠宰率/%	净肉重/kg	净肉率/%
成年公羊	选育前	6	37.48±1.41	17.51±0.64	46.72	13.63±0.29	36.37
	选育后	6	39.16±0.86	18.92±0.65	48.32	14.80±0.32	37.8
成年羯羊	选育后	5	48.22±0.56	25.52±0.35	52.93	18.56±0.78	38.49
周岁羯羊	选育后	5	38.43±0.72	18.21±0.51	47.39	14.18±0.54	36.9

五、剪毛量

核心群、基础群选育后，除威宁种羊场的成年公羊剪毛量显著高于选育前（$P<0.05$）外，其他公母羊的剪毛量均极显著高于选育前（$P<0.01$）。周岁公、母羊平均剪毛量分别提高 24.30%、21.01%，成年公、母羊平均剪毛量分别提高 18.22%、17.50%；与《贵州省畜禽品种志》中的比较，周岁公、母羊剪毛量分别提高 0.96%、27.81%，成年公、母羊剪毛量分别提高 3.48%、62.87%（表 2－12）。

表 2-12　选育前后贵乾半细毛羊剪毛量指标对比

年龄	性别	选育前后	核心群				基础群		平均/kg
			威宁县种羊场		毕节市牧垦场		盐仓和兴发		
			数量/只	剪毛量/kg	数量/只	剪毛量/kg	数量/只	剪毛量/kg	
周岁	♂	选育前	50	4.89±1.12^{B}	45	4.03±1.44^{B}	54	3.88±1.02^{B}	4.27
		选育后	50	5.97±0.87^{A}	45	5.17±1.28^{A}	54	4.77±1.29^{A}	5.3
	♀	选育前	41	4.58±0.92^{B}	72	3.76±1.51^{B}	68	3.51±1.52^{B}	3.95
		选育后	41	5.39±0.71^{A}	72	4.69±1.63^{A}	68	4.26±1.67^{A}	4.78
成年	♂	选育前	34	5.74±1.58^{b}	48	4.83±1.67^{B}	52	4.52±1.37^{B}	5.03
		选育后	34	6.44±1.16^{a}	48	5.84±1.56^{A}	52	5.56±1.66^{A}	5.95
	♀	选育前	45	5.02±1.06^{B}	53	4.72±1.22^{B}	65	4.49±1.43^{B}	4.74
		选育后	45	5.81±0.95^{A}	53	5.54±1.41^{A}	65	5.37±1.15^{A}	5.57

注：同年龄、同性别、同列数据后不同大写字母表示差异极显著（$P<0.01$），不同小写字母表示差异显著（$P<0.05$），相同字母表示差异不显著（$P>0.05$）。下同。

六、羊毛长度

核心群、基础群选育后，除威宁种羊场的成年公母羊、盐仓和兴发养羊户的成年公羊的羊毛长度显著高于选育前外（$P<0.05$），其他公母羊的羊毛长度均极显著高于选育前（$P<0.01$）。选育后周岁公、母羊平均羊毛长度分别提高 8.22%、10.96%，成年公、母羊平均羊毛长度分别提高 8.66%、8.82%；与《贵州省畜禽品种志》中的比较，周岁公、母羊分别提高 4.39%、31.20%，成年公、母羊分别提高 23.21%、55.60%（表 2-13）。

表 2-13　选育前后贵乾半细毛羊羊毛长度指标对比

年龄	性别	选育前后	核心群				基础群		平均/cm
			威宁县种羊场		毕节市牧垦场		盐仓和兴发		
			数量/只	毛长/cm	数量/只	毛长/cm	数量/只	毛长/cm	
周岁	♂	选育前	50	13.39±1.78^{B}	43	12.76±1.67^{B}	38	11.45±1.69^{B}	12.53
		选育后	50	14.51±1.62^{A}	43	13.92±1.58^{A}	38	12.26±1.96^{A}	13.56
	♀	选育前	41	13.23+1.75^{B}	63	12.13±1.94^{B}	76	11.15±1.64^{B}	12.17
		选育后	41	14.58±1.25^{A}	63	13.85±1.34^{A}	76	12.08±1.37^{A}	13.5
成年	♂	选育前	34	13.63±1.94^{b}	55	13.87±1.34^{B}	40	12.66±1.62^{b}	13.12
		选育后	34	14.76±1.63^{a}	55	14.36±1.53^{A}	40	13.43±1.88^{a}	14.18
	♀	选育前	45	13.69±2.08^{b}	72	12.58±1.81^{B}	52	12.84±1.75^{B}	13.04
		选育后	45	14.68±1.53^{a}	72	14.12±2.12^{A}	52	13.76±1.36^{A}	14.19

七、羊毛细度

选育后，经抽样送检，羊毛细度为50～58支，主体细度为56～58支。选育前，由于近交衰退，加上农户在冬春季节管理粗放，羊毛毛束基部出现饥饿痕，毛纤维变细。通过选育和加强饲养管理，毛纤维得到改善，但选育前后羊毛细度无显著差异（$P>0.05$）。本研究采取先闭锁后开放的“闭锁”与“开放”相结合的方法进行品种选育，贵乾半细毛羊生产性能得到提高，生长发育水平同年龄个体相当，羊毛主体细度56～58支，贵乾半细毛羊的选育取得实效。

第三章　贵乾半细毛羊标准的制定和完善

贵乾半细毛羊的鉴定是进行个体表型选择的一种重要方法，通过对贵乾半细毛羊体型外貌、生长发育和生产性能的全面观察与测量，综合评定其品质的好坏。鉴定也是估计育种、制定选择指数的基础。所以，绵羊的鉴定历来被各国作为选择种羊的一种重要手段，一些国家十分重视绵羊的外形结构和羊毛品质，熟练的鉴定技术人员几乎全凭眼看手摸等感观进行评定，便能确定种羊的好坏。我国现行在细毛和半细毛养羊业中使用的鉴定方法和鉴定标准，主要是借用苏联的资料结合我国的实际情况制定的。1966 年，农业部曾颁发了《细毛杂种羊鉴定分级试行办法》，此后又颁发了《新疆细毛羊》（GB 2426—1981）标准。1973 年，全国半细毛羊育种经验交流会提出了《关于半细毛羊育种若干技术问题的意见》，对半细毛羊育种方向、育种指标、鉴定标准、鉴定项目和记录符号提出了具体建议。这些资料为制定鉴定标准提供了参考依据。

第一节　制定鉴定方法与标准的依据和基础

一、品种培育确定的育种指标

贵乾半细毛羊新品种培育列项时，经攻关技术组拟订，专家组论证后，确定了新品种育种的方向是培育羊毛细度为 56～58 支的半细毛羊。根据这一方向，在前期选育的基础上，确定了理想型（一级）羊体重、羊毛长度、剪毛量，以及净毛率等主要指标。这些指标是制定鉴定方法和鉴定标准的主要依据。由此拟订了理想型羊的体型外貌要求、分级标准以及鉴定的项目和判别标准等内容。

二、《关于半细毛羊育种若干技术问题的意见》

1973 年，全国半细毛羊育种经验交流会提出的《关于半细毛羊育种若干技术问题的意见》中，对半细毛羊的育种方向、育种指标、鉴定标准、鉴定项目和记录符号做了较全面的说明。其中，羔羊初生鉴定、断奶鉴定均划分为优、中、劣三级。育成羊和成年羊的鉴定项目中，与细毛羊鉴定项目相同的共13项。其中，除毛长、体重、产毛量可以采用工具进行度量或按标准比照鉴别外，其余项目主要凭鉴定人员的经验进行判断。

该意见中半细毛羊的鉴定标准分为三级，按育种方向，毛肉兼用型，一级羊为理想型，二级羊偏毛用、毛密短；三级羊偏肉用，毛稀长。肉毛兼用型与前者相反，二级羊偏肉用，体大、毛稀而长；三级羊肉用体型差，体小、毛密短。

三、半细毛羊改良育种实践提供的丰富基础资料

为配合改良工作，部、省、市各级科研与业务主管部门下达了研究任务，先后进行了杂交组合等方面的研究。每年定期进行鉴定整理，积累了大量数据资料。多年的实践，摸索出了羔羊初生鉴定、断奶鉴定、育成羊和成年羊的鉴定内容，以及观测方法、判别标准、记录符号等。攻关项目执行以后，对育种群半细毛羊不同年龄阶段各项指标进行大量观察测量，计算了性状之间的相关性，为鉴定方法与鉴定标准制定和补充修改提供了切实可靠的实践依据。

第二节　制定鉴定方法与鉴定标准的原则

一、对确定的育种指标保持不变

攻关项目确定的新品系育种目标和主要性状，包括毛丛长度、羊毛细度、剪毛量、净毛率等指标，既是攻关项目应完成的任务，也是新品系羊群培育的质量指标，是必须完成的。因此，在制定鉴定标准和每年的修改补充时这些指标一直保持稳定不变。

二、分级鉴定，逐级淘汰

半细毛羊的鉴定分为4个年龄阶段，即初生、断奶、育成、成年。各段鉴定的内容和要求不同。实行突出重点，前后阶段紧密联系，分阶段选择淘汰。初生时鉴定侧重于毛色、毛质和初生体重，淘汰杂色、异质、体重过小的个体。断奶时重点在生长发育、羊毛长度和细度的鉴定，体重过小、羊毛过细过短者均属淘汰之列。育成期则按鉴定项目和鉴定标准逐只鉴定划分等级。而成年羊则按育成羊鉴定内容复查，确定是否选留或淘汰。经过一生4次连贯性鉴定，能较准确地选出优秀种羊，逐步淘汰不理想个体。

三、鉴定方法度量化、记录方式数量化

为了减少鉴定时的主观误差，提高鉴定的准确性和适应育种资料的计算机管理。在确定鉴定项目和鉴定方法时，力求项目少而精，最大限度地使用工具度量和记录方式的数量化。每一项目均可用数据进行记载和输入计算机数据库储存，为今后进行生产统计、计算遗传参数、制定选择指数奠定了基础。

第三节　鉴定方法与鉴定标准的实际应用和修订

贵乾半细毛羊鉴定方法与鉴定标准在实际应用中，会根据羊群培育、选育的实际情况进行调整优化，通过广泛收集意见，不断对鉴定项目、观测方法、有关指标进行修改补充，鉴定方法与鉴定标准逐步得到完善（表3-1至表3-3）。

表3-1　1973年拟订的贵乾半细毛羊育种指标

半细毛羊	体重/kg	剪毛量/kg	毛长/cm	净毛率/%	屠宰率/%	产羔率/%
成年公羊	65.0	5.5	11.0	50～55	50	100
成年母羊	40.0	3.2	9.0	50～55	50	100
育成公羊	45.0	3.5	11.0	50～55	50	100
育成母羊	30.0	2.8	9.0	50～55	50	100

表3-2　1979年修订的贵乾半细毛羊育种指标

半细毛羊	体重/kg	剪毛量/kg	毛长/cm	屠宰率/%
成年公羊	55	4.5	11	46～48
成年母羊	35	3.2	9	46～48
育成公羊	40	3.5	11	46～48
育成母羊	28	2.5	9	46～48

表3-3　1987年贵乾半细毛羊的生产性能指标

项目	年龄 性别	威宁 种羊场	马干山 牧垦场	坡上 牧场	独山 草种场	毕节所 专业户	平均
体重/kg	成年公羊	67.43	52.43	35.79	70.33	54.33	56.06
	成年母羊	44.35	39.22	28.52	53.45	40.31	41.17
	育成公羊	42.84	36.88	26.0	53.63	43.8	40.63
	育成母羊	38.22	30.03	21.74	42.82	31.25	32.81

（续）

项目	年龄 性别	威宁 种羊场	马干山 牧垦场	坡上 牧场	独山 草种场	毕节所 专业户	平均
剪毛量/kg	成年公羊	6.2	5.44	3.3	8.67	5.69	5.86
	成年母羊	4.42	4.63	3.02	5.66	3.96	4.34
	育成公羊	4.44	4.62	3.2	8.1	4.58	4.99
	育成母羊	5.31	4.31	2.6	5.67	4.5	4.48
毛长/cm	成年公羊	12.04	11.40	9.58	13.87	11.84	11.75
	成年母羊	10.67	10.16	9.33	11.78	9.36	10.26
	育成公羊	12.15	10.16	12.20	15.17	12.28	12.39
	育成母羊	13.40	10.66	11.61	14.16	13.32	12.63
细度	48支以下占比/%	3.17	9.27	—	—	—	—
	50～58支占比/%	96.83	85.76	72.52	100		
	60以上支占比/%		4.95	27.48			—

第四节　鉴定方法与鉴定标准

一、贵乾半细毛羊的鉴定特征及标准

1. 品种特征　贵乾半细毛羊被毛同质、白色，闭合良好，油汗白色或乳白色。公、母羊均无角，头大小适中，鼻梁平直，头毛着生至眼线。颈短而粗，颈部被毛无皱褶，胸宽深，尻平直，后躯丰满，腹毛着生良好，四肢粗壮，腿毛过飞节，体躯呈圆筒状，肉用体型明显。

2. 生产性能　周岁公母羊平均体重分别为45.6kg、35.7kg，成年公母羊平均体重分别为82.5kg、55kg；成年公母羊产毛量分别为6.8kg、4.25kg，羊毛长度分别为14.6cm、13.1cm，主体细度56～58支，净毛率为60%；产羔率110%左右。贵乾半细毛羊属毛肉兼用半细毛羊品种，毛同质性好，产毛量较高，其所产羊毛是生产羊毛被、呢料等的优质原料，同时具有一定的肉用价值。

二、个体品质鉴定

1. 内容及项目　个体品质鉴定以影响品种代表性产品的重要经济状为主

要依据，半细毛羊以毛肉性状为主。

2. 鉴定年龄和时间　以代表品种主要产品的性状已经充分表现，且有可能给予正确的客观的评定结果为准，半细毛羊及其杂种羊通常是在1.5周岁，春季剪毛前进行。

3. 鉴定方式　分为个体鉴定和等级鉴定。等级鉴定不做个体记录，依鉴定结果综合评定等级，做出等级标记，分别归特级、一级、二级、三级和等级外。而个体鉴定要进行个体记录，并可根据育种工作需要增减某些项目，作为选择种羊的依据之一。

4. 要求　鉴定人员要掌握品种标准，并对要鉴定羊群情况有全面了解，包括羊群来源和现状、饲养管理情况、选种选配情况、以往羊群鉴定等级比例和育种工作中存在的问题等，以便在鉴定中有针对性地考察一些问题。鉴定时要先看羊只整体结构是否匀称、外形有无严重缺陷，被毛有无花斑或杂色毛、行动是否正常，待羊接近后再看公羊是否单睾、隐睾，母羊乳房是否正常等。

三、个体鉴定项目及记录符号

（一）类型

指生产性能的倾向，即指在同一品种范围内，被鉴定的个体是倾向肉用型还是毛用型。主要根据体型结构特点进行观察和判断。不同生产方向绵羊体型结构如下：

（1）肉用羊一般头短而宽，颈粗短，鬐甲低平，胸部宽圆，肋骨开张良好，背腰平直，肌肉丰满，后躯发育良好，同时四肢相对较短，整个体型呈长方形。

（2）毛用羊的头一般较长，面部也较大，颈长，鬐甲高且窄，胸长而深但宽度不足，背腰平直强健但不如肉用羊宽，中躯容积大，后躯发育不如肉用羊好，与肉用羊相比，四肢也较长。

（3）毛肉兼用羊介于两者之间。

表示方法及记录符号：X表示符合本品种的理想型；X^+表示发育良好，肉用体型明显；X^-表示倾向于毛用型。

（二）头毛着生

表示方法及记录符号：T表示头毛着生到眼线；T^+表示头毛过多，毛脸；T^-表示头毛少，甚至光脸。

（三）体格大小

根据鉴定时羊只的发育状况及体型大小来决定。

表示方法及记录符号：5表示发育正常，体格很大，其体重指标显著超过理想型的最低要求；4 表示发育正常，体格大，其体重指标达到了理想型的最低要求；3 表示发育一般，体格中等，其体重指标接近理想型的最低要求；2 表示发育较差，体格较小，体重指标低于理想型的最低要求。

（四）毛嘴类型

根据鉴定时羊只被毛毛丛结构来判断，分大尖嘴和小尖嘴。大尖嘴毛丛类型其毛稍长为 1.0cm 以上，小尖嘴毛丛类型其毛稍长为 1.0cm 以下。

（五）羊毛长度

在肩胛骨后缘一掌与体中线交点之稍高处，顺毛丛方向测量毛丛自然状态长度，用“cm”表示，精确度为 0.5cm，根据测量的读数记录。鉴定母羊时只测量体侧部位；鉴定公羊时，除体侧外，还应测量肩部（肩胛部中心）、股部（髋结节与飞节连线的中点）、背部（背部中点）和腹部（腹中部偏左处）等部位。对育成羊应扣除毛嘴部分长度。当羊毛实际生长期超过或不足 12 个月时，换算成 12 个月的毛长。

（六）羊毛油汗

在毛被的主要部位观察羊毛中油汗的颜色，用油汗覆盖毛丛自然长度的比例来表示。

油汗含量的表示方法及记录符号：H 表示油汗含量正常，毛丛结构整齐，油汗覆盖毛丛长度的 1/2 以上；H^{++} 表示油脂含量较多，在毛丛间明显可见颗粒状油汗；H^{+} 表示油汗覆盖毛丛长度的 2/3 以上；H^{-} 表示油汗含量较少，毛丛蓬乱，羊毛纤维显得干燥，土沙杂质侵入毛丛基部，油汗覆盖不到毛丛长度的 1/3。

油汗颜色：用白色、乳白色、淡黄色、黄色表示。油汗颜色不仅关系到油汗本身的质量，同时与羊毛的质量和羊毛品质密切相关，以白色和乳白色油汗为最好。

（七）羊毛细度

选体侧毛一束，参照经过仪器测定的羊毛细度标本，用目测决定，根据目测结果以支数表示。种羊场的育种群逐步采用客观测定法，以显微镜测定羊毛纤维的平均直径，以“μm”表示。观察羊毛细度时应注意光线强弱和阳光照射的角度以及羊毛油汗颜色的深浅，以免造成错觉（表 3-4）。

表 3-4 毛品质支数与细度范围

毛品质支数	细度范围/μm
60	23.1～25.0
58	25.1～27.0

（续）

毛品质支数	细度范围/μm
56	27.1～29.0
50	29.1～30.0
48	30.1～34.0
46	34.1～37.0
44	37.1～40.0
40	40.1～43.0

（八）羊毛密度

指单位皮肤面积上羊毛纤维的根数，是决定羊毛产量的主要因素之一。现场鉴定时，主要用双手感知羊体主要部位被毛丰满度的方法来确定。手感较硬而厚实者则密度大。但要考虑羊毛长度、细度、油汗及夹杂物等因素的影响，以免造成错觉。羊毛较长，油汗较少，羊毛较细及夹杂物少者，手感松软，易被错认为密度小，需要反复比较。用手分开毛丛，观察毛丛间皮肤缝隙宽度和内毛丛结构，皮肤缝隙窄，内毛丛结构紧密者，往往羊毛密度大。观察毛被的外毛丛结构，外毛丛呈平顶形毛丛的被毛较呈辫形毛丛被毛密度大。

表示方法及记录符号：M 表示密度中等，M^{+} 表示密度较大，M^{-} 表示密度较小。

（九）羊毛弯曲度

在毛被的主要部位，用手分开毛丛，在保持羊毛自然弯曲状态下仔细观察。

表示方法及记录符号：W 表示弯曲明显，呈浅半圆形或浅波形；W^{+} 表示弯曲深而明显，呈半圆形弯曲或高弯曲；W^{-} 表示弯曲不明显，呈平波状。

（十）羊毛匀度

主要鉴定毛被的匀度和毛丛的匀度。毛被的匀度是根据体侧和股部羊毛细度的差异来决定的。股部羊毛细度测定的部位是髋结节与飞节连线的中点。

羊毛细度的匀度：包括不同身体部位间被毛细度的差异程度，以及同一部位被毛的毛丛内毛纤维间细度的差异程度。主要根据体侧与股部羊毛细度的差异和毛丛匀度差异来评定。

表示方法及记录符号：Y 表示被毛均匀，体侧与股部羊毛细度的差异不超过品质支数一级；Y^{-} 表示毛丛均匀度稍差，或体侧与股部羊毛细度相差二级；Y^{-} 表示毛丛均匀度较差，体侧与股部羊毛细度的差异在二级以上；Y^{V} 表示匀度很差，具有非同质的特点；Y^{X} 表示被毛中有干死毛。

四、羔羊初生鉴定标准

羔羊初生鉴定按以下标准划分等级。

优级：毛色纯白、口鼻端及四肢下端允许少量点状斑。羊毛同质，毛丛结构清晰，公羔毛卷直径3.0mm或3.0mm以上，母羔毛卷在2.5mm或2.5mm以上。生长发育良好，公羔体重不低于4.0kg，母羔体重不低于3.8kg。双羔羔羊可放宽体重要求。

中级：毛色纯白、口鼻端及四肢下端允许有少量点状斑。羊毛同质，但夹杂个别异质毛纤维，或次要部位有较多异质毛纤维或被毛呈较小毛卷结构，羔羊毛毛卷直径2.5mm以下。公羔初生体重小于3.5kg，母羔小于3.0kg。

劣级：凡有下列情况之一者，均为劣级。

（1）被毛中有较多杂色纤维或色斑，头肢盖毛有较大色斑。

（2）被毛白色，但不同质，有明显粗、死毛。

（3）体质弱、发育差、体重过小。

（4）有遗传或外形缺陷。

注：毛卷直径测量方法，用钢尺在羔羊体侧中部任意选择5个毛卷，测量毛卷外缘直径，计算平均直径。

五、羔羊断奶个体鉴定标准

大多数羊只满4月龄时进行羔羊断奶鉴定，不足4月龄应按4月龄（120日龄）对断奶体重进行校正，并按以下标准划分等级。

优级：全身被毛纯白同质，毛丛结构清晰、弯曲大而明显，光泽好；毛丛自然长度，公羔在6cm及其以上，母羔在5cm及其以上；断奶重，公羔在18kg及其以上，母羔在15kg及其以上；羊毛细度，公羔在56支及其以上，母羔在58支及其以上。

中级：全身被毛纯白同质，匀度稍差，次要部位允许有少量粗毛纤维或毛丛结构不清晰，弯曲不够明显，光泽较差；毛丛自然长度，公羔短于5cm，母羔短于4cm；断奶重，公羔低于16kg，母羔低于14kg；羊毛细度，公羔细于56支，母羔细于58支。

劣级：凡有下列情况之一者均为劣级。

（1）被毛不同质，有较多粗毛纤维，或有明显杂色纤维。

（2）羊毛细短，公羔毛长4cm以下，母羔在3cm以下；羊毛细度，公羔在58支以下，母羔在60支以下。

（3）生长发育不良，体质瘦弱，体重过小。

（4）有任何外形或遗传缺陷。

羔羊断奶体重校正方法：羔羊断奶体重按120日龄进行校正，但出生日期前后不宜太悬殊，以前后1个月以内为宜。

日均增重法：用每只羔羊断奶实测体重减去初生重，除以羔羊实际生长天数，再乘以标准哺乳天数（120d），再加上初生重，即得出校正后断奶体重。

公式：120d校正体重＝［（实测体重－初生重）/羔羊实际生长天数］×120＋初生重

回归系数法：

$$Y=Y-(X-120)b_{YX}$$

式中，Y为校正前实测羔羊体重；X为截至称重时，羔羊哺乳天数；b_{YX}为Y依X的回归系数。

计算步骤：①以每只羔羊实际生长天数为自变量X，以实测断奶体重为依变量Y，逐只输入计算器，得出b_{YX}的值。

②将每只羔羊实际生长天数和实测体重代入公式即可求出每只羔羊120d断奶校正体重。

六、育成羊与成年羊标准

（一）育成羊与成年羊划分等级

一级：发育良好，体质结实，结构匀称，颈较短，背腰平直，胸宽深，前胸丰满，尻部较宽平，肉用性能明显。公母羊均无角，鼻梁平直，四肢结实，肢势端正。

被毛呈毛辫形毛丛结构，各部位毛丛长度和细度均匀，大波浪形或波浪形弯曲，头部毛着生至两眼连线，允许有少量脸毛。前肢毛着生至膝关节或略有超过，后肢毛着生可超过飞节。腹毛着生良好，密度较好，长度7cm以上，呈辫形毛丛。12月龄毛长，公羊不短于15cm，母羊13cm，细度56～58支。油汗乳白色或淡黄色，含量适中，分布均匀，羊毛光泽好。

凡全面符合一级羊要求，体重、剪毛量、毛长3项中两项超过一级羊指标10％者，或有一项超过一级羊指标15％者，可定为特级羊。

二级：体型外貌基本符合一级羊要求，体格大，毛较粗长，但毛丛结构差，弯曲不明显，体重、毛长、剪毛量符合二级羊要求。

三级：体格较小，羊毛偏细偏短，羊毛细度不细于58支，体重、毛长、剪毛量符合三级羊要求。

四级：凡不符合以上级别的个体均属于四级。

（二）育成羊与成年羊的个体鉴定

凡符合一级标准的育成羊（1.5岁）和成年羊（2～2.5岁）分别进行一次

个体鉴定，种公羊每年按个体鉴定内容进行一次复查，决定继续留用或淘汰（表3-5）。

随着选育工作的推进，2015年2月，毕节市畜牧兽医科学研究所宋德荣等申请《贵州半细毛羊》地方标准立项；同年5月，贵州省质量技术监督局批准制定《贵州半细毛羊》地方标准，归口贵州省农业农村厅。2020年7月，地方标准《贵州半细毛羊》（DB 52/T 1505—2020）由贵州省市场监督管理局发布。

表3-5 贵州半细毛羊产毛性能等级评定

类别	指标	周岁羊		成年羊	
		公羊	母羊	公羊	母羊
特级	羊毛细度/支	48～58	48～58	48～58	48～58
	毛丛长度/cm	≥13.0	≥12.0	≥15.0	≥14.0
	剪毛量/kg	≥5.0	≥4.0	≥6.0	≥5.5
一级	羊毛细度/支	48～58	48～58	48～58	48～58
	毛丛长度/cm	≥12.5	≥11.5	≥14.0	≥13.0
	剪毛量/kg	≥4.0	≥3.5	≥5.0	≥4.5
二级	羊毛细度/支	48～58	48～58	48～58	48～58
	毛丛长度/cm	≥12.0	≥11.0	≥13.0	≥12.0
	剪毛量/kg	≥3.5	≥3.0	≥4.5	≥4.0
三级	羊毛细度/支	48～58	48～58	48～58	48～58
	毛丛长度/cm	≥11.5	≥10.5	≥12.0	≥11.0
	剪毛量/kg	≥3.0	≥2.5	≥4.0	≥3.5

（三）个体品质鉴定

在个体选择中，外貌鉴定法还不能认为是较全面的评定，必须测定鉴定后的剪毛量及剪毛后体重，然后进行综合评定，按育种指标确定等级。

种公羊要进行个体的净毛率测定来确定真正的产毛量，便于分析种用价值。同时，还要对其精液品质进行评定，以确定使用价值。对繁殖母羊除抽样测定净毛率外，还要注意其产羔性能和泌乳性能，包括受胎率、产羔率、成活率等。

第四章　贵乾半细毛羊的饲养管理及配套技术开发

第一节　羊圈设计与建设

羊舍建设是养羊业中一项必不可少的基础建设。由于各地区气候环境、生态条件的差异，国内外羊舍建筑都根据各地的实际情况进行设计建筑。养羊业发达的国家，一般都有较好的放牧草地，放牧时间每天长达十几个小时，因此羊舍比较简易，主要是为产羔和保育期创造条件。在集约化养羊场以生产肥羔为主，因此比较重视羊舍建设的科学性、实用性和先进设备配置。国内养羊业发达的地区大多集中在北方。北方降水量小，冬春寒冷但干燥，而且草地面积大，大多数实行轮牧，故一般只在背风的地方设产羔房或棚舍。

近年来，随着南方草山资源的开发利用，养羊业也随之兴起。一是北羊南调；二是各地正在培育适合南方气候条件的新品种。因此，建设适合南方气候和环境条件科学养羊的羊舍，已成为一项亟待研究的课题。

南方地处中亚热带，绵羊的主要饲养区集中分布在半农半牧温湿多雨区域，这些地方没有辽阔的草原，主要是农牧相间的草地草坡、灌丛草地和林间草地。饲养方式大多数是在定居情况下，昼牧夜宿。气候特点是雨量充沛，气温年较差小，日较差大，雨量分配不均，干湿季节明显、夏秋高温高湿，冬春寒冷而温差较大。同时，南方土壤偏酸性，在夏秋高温高湿的情况下，含粪尿的泥浆严重腐蚀羊蹄角质，诱发腐蹄病。同时，羊舍垫料和粪产生的有害气体也直接影响羊群健康。因此，南方养羊，要求羊舍夏秋凉爽，通风防潮，冬春防寒保暖，干燥卫生，有利于产羔、哺育和冬春补饲草料。

一、设计研究内容和目标

针对绵羊怕热、不怕冷、喜燥恶湿等生物学特点，研究适合南方气候特点和环境条件的羊舍类型，建筑结构，配套设施的布局，最佳建材的选择，羊舍卫生标准等内容。

新建羊舍的具体指标和要求是：

(1) 夏秋防热防潮，冬春保温干燥，夏秋或冬春羊舍内温度可控制在10～20℃。

(2) 舍内二氧化碳不超过1.5L/m^3，氨气不超过15mg/kg。

(3) 舍内采光指数达到1∶(15～20)。

(4) 地面、墙体耐腐蚀，便于清洁消毒。

(5) 补草补料和饮水设施齐全。

二、设计研究的技术路线和方法

设计研究参照国内外不同地区、不同条件下羊舍建筑的特点，结合南方的实际情况，扬长避短，边设计、边建筑、边使用，在实践中检验和修正设计方案，使之在南方气候环境条件下，符合科学养羊的规范化标准。

三、羊圈建设要求

规范化羊舍具有冬暖夏凉、干燥清洁、适合科学饲养管理等特点。符合绵羊怕热不怕冷、喜燥恶湿等生物学特点。规范化羊舍结构严密，空间适度，选材恰当，布局合理，计算参数准确，夏天通气量大，楼上、楼下的通风设备（门窗）可形成过堂风，起到降温防暑作用。冬天通过关闭部分门窗和在楼上堆放干草等方法调节室内温度，便于保温育羔。木条楼面、混凝土地面以及排水系统的设计，易于清洁消毒，保持环境卫生，减少羊体污染和疾病的传播。运动场和补料槽、补草架的设置，为科学饲养管理和开展工作提供了方便条件。同时，防止了补饲草产品的污染和浪费。规范化羊舍造价比老式土筑简易羊舍高40%～50%，但使用年限提高4～6倍，年摊销投资金额比老式羊舍低30%～50%。因此，国有场（站）修建规范化羊舍，不仅是现代科学养羊的需要，而且投资效果也很好。鉴于规范化羊舍新建时投资较大的特点，目前适合在国有场（站）推广使用，在经济比较落后的山区，可推行这种羊舍类型，建筑羊舍仍可采用泥、木、石、竹等就地可取的材料。

第二节　营养配方及饲喂管理

一、贵乾半细毛羊不同生理时期补饲水平与饲养技术

半细毛羊的生产性能不仅决定于遗传改良因素，而且与饲养营养条件密切相关。因此，研究半细毛羊不同生理阶段的补饲水平与饲养技术是半细毛羊育种工作的关键技术之一，通过结合试验区饲养与生态条件，通过不同饲养水平组的比较试验，找出能较好地发挥遗传潜力，并能获得较理想的生产性能的补

饲加放牧的饲养管理方式，为制订贵乾半细毛羊的培育饲养方案提供依据。

二、贵乾半细毛羊放牧与补饲技术

科学饲养管理技术是加快培育新品种的重要措施之一。贵乾半细毛羊培育区内，由于没有足够的天然草地和人工草地，牧草生长季节不平衡，为此研究特定生态区内新品种的培育措施，建立人工草地，提供放牧与补饲结合的饲养技术，筛选可行的饲养管理方法非常必要。

三、贵乾半细毛羊的日粮配方

不同生长阶段和利用方式的贵乾半细毛羊，其营养需求也不一样，因此贵乾半细毛羊的日粮配方需要按照羊的性别、生长阶段和采食方式来综合考虑。

（一）日粮配方原则

科学配合日粮是贵乾半细毛羊生产的一个重要环节，日粮配合要遵循下列原则。

1. 营养性原则　配合日粮时，必须以贵乾半细毛羊的饲养标准为依据，并结合不同生产条件下贵乾半细毛羊的生长情况与生产性能状况灵活应用。若发现日粮的营养水平偏低或偏高，均要进行调整，以满足肉羊所需的营养而又不至于浪费。

同时，应注意饲料多样化，尽可能将多种饲料合理搭配使用，以充分发挥各种饲料的营养互补作用，平衡各营养物质之间的比例，保证日粮的全价性，提高日粮中营养物质的利用效率。日粮应将青粗饲料、干粗饲料、青贮饲料、精饲料及各种补充饲料等搭配使用。既要使配合的日粮有一定容积，羊吃后具有饱感，又要保证日粮有适宜的营养物质，使羊每天采食的饲料能满足所需的营养。

2. 经济性原则　羊是反刍动物，可大量采食青粗饲料，尤其是可以将农作物秸秆处理后进行饲喂。配合日粮时，应以青粗饲料为主，再补充精饲料等其他饲料，尽量做到就地取材，选用当地来源广泛、营养丰富、价格低廉的饲料配制日粮，以降低生产成本。

3. 适口性原则　饲料的适口性与贵乾半细毛羊的采食量有直接关系。日粮适口性好，可提高贵乾半细毛羊的食欲，提高采食量；相反，日粮适口性不好，贵乾半细毛羊食欲不振，采食量减少，不利于其生长，达不到应有的饲喂效果。因此，对一些适口性较差的饲料应加入调味剂，可使适口性得到改善。

4. 安全性原则　随着无公害食品和绿色食品产业兴起，消费者对肉类食品的要求越来越高，希望能购买到安全的肉食品。因此，配合日粮时，必须保证饲料安全可靠。选用的原料包括添加剂，应质地良好，保证无毒、无害、无霉变、无污染。在日粮中不添加抗生素类药物性添加剂。养羊场和养羊户都要树立“安全肉”意识，坚决不使用国家有关部门禁用的某些兽药及添加剂。

（二）妊娠期

1. 妊娠前期 即母羊妊娠期的前3个月。这时胎儿发育较慢，营养的需要量无明显增加，此期的饲料质量要好。在良好的放牧条件下，母羊可补饲少量精饲料或青干草，如果能延长放牧时间，保证羊每顿都吃饱，可以不补饲。如果是舍饲，日粮配比和饲喂量与空怀期相同。

2. 妊娠后期 即母羊妊娠期的后2个月。这一阶段，胎儿发育较快，羔羊初生重的80%～90%是在这一阶段完成的。因此，对妊娠后期母羊不仅要饲喂足够的蛋白质饲料，还要补充钙、磷及其他矿物元素和脂溶性维生素，尤其是对多产母羊更要注意营养的合理搭配和补充。如果母羊缺乏营养，会出现流产、死胎、羔羊初生重小、成活率低，或母羊产后瘫痪、缺奶等现象。这一阶段，除了抓好放牧管理外，应补饲混合精料0.4～0.6kg，夜间补饲优质青干草，任其自由采食。冬春季节，如果缺乏优质青干草（如苜蓿干草），每天应补饲胡萝卜1kg。母羊舍饲时，每天喂给青干草1kg、禾本科秸秆0.4kg、青贮玉米2.5kg、精饲料0.3kg。

（三）泌乳期

母羊的泌乳可分为初期、盛期和后期3个阶段。每个阶段母羊的生理状况和营养需求都不同。为了提高母羊的泌乳量，不同时期必须采用不同的喂养方法。

1. 泌乳初期 母羊产羔后，腹部空虚，身体衰弱，消化机能较差，因此要及时补充营养和水分。产后7d内每天应饮3～4次温水，水中应加少量麸皮和食盐。日粮应以嫩干草为主，7d后逐渐增加青草和青贮饲料，2周后恢复正常的精饲料量。

2. 泌乳盛期 这个时期，母羊泌乳量不断上升。一般产后30～45d为泌乳高峰期。高产羊泌乳盛期到来较晚，一般在产后60～70d。这个时期母羊食欲旺盛，饲料利用率高。为了使泌乳高峰期持续更长的时间，除了必须喂给优质干草外，还应尽量多配给青干草、青贮饲料和部分根茎饲料。如营养仍然不足，可以增加混合精料0.5～1kg，以刺激母羊产奶性能充分发挥。当泌乳量停止上升后，应将超过标准的饲料减下来。同时，尽量不要改变饲养方法和日粮的种类，以利于延长高泌乳量的时间。

3. 泌乳后期 当泌乳量下降时，应视泌乳母羊的营养状况，逐渐减少精饲料，但不能减得过快，否则会加速泌乳量下降。此时，若日粮超过泌乳所需的量，母羊又可能很快变肥，这样也会使泌乳量降低。在泌乳后期，一方面，要控制母羊的体重，不要增加得过快；另一方面，应控制泌乳量不要下降得过快。这样既可增加本胎次的泌乳量，也可以保证胎儿正常发育，并能为下胎泌乳积蓄体力。

（四）种公羊的饲养

种公羊的饲养要细致周到，使其既不过肥也不过瘦，保持中上等膘情，活泼健壮，精力充沛，性欲旺盛，配种能力强，精液品质好。对种公羊应单独组群放牧和补饲，避免公母混养，防止偷配和影响羊群的放牧采食。种公羊舍应通风向阳，宽敞坚固，干净卫生，防寒保暖性能良好。

种公羊的饲料要求营养价值高，适口性好，容易消化。适宜的精饲料有燕麦、大麦、豌豆、黑豆、玉米、小米、高粱、豆饼、麸皮等。多汁饲料有胡萝卜、甜菜和青贮玉米等。粗饲料有苜蓿干草、青莜麦干草、青燕麦干草、三叶草等。种公羊的饲养最好采用放牧和舍饲相结合的方式，在夏秋季节以放牧为主，在冬春季节以舍饲为主。

非配种期的种公羊，除放牧采食外，冬春季节每天可补给混合饲料400～600g，胡萝卜等多汁饲料0.5kg，干草3kg，食盐5～10g。夏秋季节因以放牧为主，不补青粗饲料，每天只补喂精饲料500～800g。种公羊配种期的饲养分为配种准备期（配种前1～1.5个月）、配种期和配种后复壮期（配种后1～1.5个月）等3个不同阶段。配种准备期应逐渐增加种公羊的精饲料喂量，开始按配种期60%～70%喂量供给，逐渐增加至配种期的精饲料供给量。配种期种公羊的放牧主要是达到运动的目的，其营养供给应以补饲为主，尽可能满足种公羊对各类营养物质的需要量。除了要保证供给日粮的数量外，还必须考虑饲料的品质，对配种或采精任务繁重的种公羊，其日粮中的动物性蛋白质要占一定比例。这一时期种公羊每天的饲料补饲量大致为：混合精料0.8～1.2kg，胡萝卜0.5～1kg，禾本科、豆科混播牧草3～4kg，或青干草2kg，食盐15～20g。草料分2～3次饲喂，每天饮水3～4次。在配种后复壮期，公羊的饲养水平保持与配种期相同，使种公羊能迅速恢复体重，并根据公羊体况恢复的情况逐渐减少精饲料，直至过渡到非配种期的饲养标准。

（五）育成羊

贵乾半细毛羊育成羊的营养须满足育肥和羊毛增长的需要，就是要增加羊体内的肌肉和脂肪，并改善肉的品质，促进羊毛生长，提高羊毛品质。增加的肌肉组织，主要是蛋白质，其中也有少量脂肪（1%～6%）。增加的脂肪，主要蓄积在皮下结缔组织、腹腔（肠网膜）和肌肉组织中。

给育成羊提供的营养物质必须超过其本身维持营养需要量，才有可能在体内生长肌肉和沉积脂肪。育肥羔羊包括生长过程和育肥过程（脂肪蓄积），羔羊的“增重”来源于生长和育肥两方面。“生长”是肌肉组织和骨骼的增长。

“育肥”的增重，则限于脂肪的增加，不包括“生长”的部分。所以，羔羊比成年羊育肥需要更多的蛋白质。就育肥效果而言，羔羊比成年羊更好，羔羊增重比成年羊要快。

四、贵乾半细毛羊饲养管理技术

安兴红等（2023）通过多年实践，总结出一套适合山区的贵乾半细毛羊养殖管理技术，主要包括以下几个方面。

（一）做好种公羊饲养管理工作

饲养种公羊应该保证饲料的多样性和抓好配种期的饲养管理。

1. 尽量保证种公羊饲料的多样性　一要注重精粗饲料合理搭配，青草、青干草、青贮饲料配比要合理，同时补给必需的矿物质和维生素；二要注重精饲料中能量和粗蛋白质水平，必要时补饲混合精料效果更好；三要避免肥胖，适当放牧保证运动时间，提高配种能力。

2. 加强配种期的饲养管理　配种期的种公羊要与母羊分开，单独圈舍饲养。为保持良好的精液品质，每天补饲 300g 混合精料，必要时增加 1 枚鸡蛋。每次种公羊配种后应有 3h 的休息时间。值得注意的是，最多 2 年就要异地调换种公羊，避免近亲繁殖。

（二）做好妊娠母羊及羔羊饲养管理工作

抓好“两期一培育”。“两期”是指母羊妊娠后期 2 个月和分娩后母羊哺乳期，是改善母羊营养、提高羔羊成活率的关键时期，“一培育”是指羔羊出生后至断奶期间（哺乳期）的培育过程。

1. 妊娠母羊饲养管理　妊娠后期的 2 个月，胎儿生长快，要保障母羊有充足的饲草、精饲料和适量的盐、钙、磷等矿物质饲料，保证胎儿营养需求。在收牧后，根据不同季节进行补饲，夏秋两季补饲适量精饲料即可，根据母羊体重，日喂精饲料 300g 为宜，冬春两季根据母羊体重补饲精饲料 550g，并且需要补饲足量的青干草、青贮饲料，补饲青贮饲料时应在羊饮用水里加入 0.5%的碳酸氢钠，防止酸中毒。产前 1 周适量减少精饲料日喂量，并多喂一些多汁青绿饲料，以免胎儿过重过大造成难产。母羊产后的哺乳期，多饲喂优质多汁的青绿饲料和青干草，及时补充磷酸氢钙。单羔母羊和多羔母羊精饲料的补充要区别对待，其中单羔母羊每天补饲混合精料 200g，多羔母羊补饲 400g。

2. 羔羊饲养管理　做好羔羊饲养管理工作，主要是培育健康优质的羔羊、增强抗病力、提高羔羊成活率。

（1）做好母羊生产环境卫生及助产工作。保持羊舍干燥清洁，室温保持在 18℃左右。母羊分娩时有人助产，羔羊出生后母羊会自然舔干羔羊身上的黏液。做好断脐工作，在距腹壁 5～6cm 处剪断脐带，用碘酊消毒防止并发脐带炎。

（2）羔羊出生后吃好初乳。产后 0.5h 让羔羊吃到初乳，先人工挤掉初乳 2～3 滴后再让羔羊吸吮初乳，便于增强羔羊的免疫力和抗病力。

（3）抓开食，过补饲关。羔羊 8～20 日龄，最先进行训水、训料，在补料槽内加入少许开口料让其自由采食，或将开口料直接放入羔羊口内，或拌成糊状涂抹在羔羊口内进行强制训练；至 21d 后断奶期间，训练羔羊采食青干草，增强瘤胃消化功能，为羔羊适当添加粗料型日粮奠定基础。

（4）做好寄生虫防治工作。产后 1 周给哺乳母羊灌服阿苯达唑片，剂量为每千克体重 15～20mg，预防羔羊痢疾。

（三）重视羊圈内外环境卫生和消毒工作

1. 环境卫生　每天冲洗羊圈、食槽、水槽及圈舍，保持圈舍内外环境清洁。

2. 饲料和饮水　确保羊只能饮用清洁卫生的水，不能饲喂发霉、变质的饲草饲料。

3. 环境消毒　在每栋羊舍入口处设消毒池，池内放置消毒药。消毒药可以选择 3%来苏儿。每个月对羊舍内外消毒 5 次。舍内消毒药可选用 10%漂白粉和 10%～20%石灰乳；运动场及舍外可用 2%～4%氢氧化钠和 3%漂白粉消毒。

4. 粪便无害化处理　根据羊群数量定期收集粪便，堆积发酵，冬春季 1 个月左右，夏秋季 20d 左右，及时处理发酵后的粪便，将其还田或作花、草肥使用。

（四）把握好给羊驱虫的时间

给羊驱虫可在春秋两季进行。

（1）羊羔在出生 50d 后需要进行 1 次驱虫。

（2）每次驱虫后间隔半个月再进行第 2 次驱虫，保证杀灭其体表残留的虫卵，100d 后再次驱虫，后期每隔 2～3 个月驱虫 1 次。

（3）体内驱虫，用阿苯达唑等按说明书用量灌服，可驱除线虫和吸虫、绦虫等体内寄生虫。

（4）体外驱虫，用辛硫磷浇泼液，按说明书比例兑水给羊药浴，每年 4—5 月剪毛后药浴 1 次，1 周后再药浴 1 次即可。对体外寄生虫，如蜱、螨、虱、蝇蛆等有杀灭效果。

（五）制订科学合理的免疫接种程序

坚持防重于治的原则，降低发病率和死亡率。根据当地疫情发生发展规律，制订科学合理的免疫接种程序，有计划地开展免疫接种工作。

1. 羔羊免疫 30日龄注射小反刍兽疫苗，免疫期3年；45日龄注射亚洲Ⅰ-O型口蹄疫二价灭活苗，免疫期6个月；60日龄注射羊快疫、猝狙、肠毒血症、羊黑疫三联四防苗，免疫期6个月。

2. 育成羊免疫 8月龄注射亚洲Ⅰ-O型口蹄疫二价灭活苗，免疫期6个月；9月龄注射羊快疫、猝狙、肠毒血症、羊黑疫三联四防苗，免疫期6个月。

3. 种母羊免疫 每年3月和9月注射亚洲Ⅰ-O型口蹄疫二价灭活苗，免疫期6个月，间隔1周后注射羊快疫、猝狙、肠毒血症、羊黑疫三联四防苗，免疫期6个月；产后1.5个月注射传染性胸膜肺炎疫苗，免疫期1年。注射羊痘病毒疫苗，免疫期1年。

4. 成年公羊免疫 每隔6个月注射1次亚洲Ⅰ-O型口蹄疫二价灭活苗和羊快疫、猝狙、肠毒血症、羊黑疫三联四防苗，免疫期6个月；每隔12个月注射1次传染性胸膜肺炎氢氧化铝灭活苗，免疫期1年，注射羊痘弱毒疫苗，免疫期1年；每隔36个月注射1次小反刍兽疫苗，免疫期3年。

5. 引进羊免疫 从非疫区引进的羊在了解原免疫注射情况的基础上，隔离15d。健康羊引进后第16天注射羊快疫、猝狙、肠毒血症、羊黑疫三联四防苗，第23天注射传染性胸膜肺炎氢氧化铝灭活苗，第30天注射羊痘弱毒疫苗。上述免疫接种程序中除羊痘属弱毒疫苗外，羊黑疫三联四防苗等其他几种疫苗均属灭活疫苗。灭活疫苗在注射7d后就可以接种另一种疫苗。一般羊的疫苗注射免疫期为半年或1年，除按上述免疫接种程序注射外，还可根据免疫期的长短，结合春秋两季给不同类别的羊只重复注射，对突发的传染疫病除要采取紧急措施外，还要及时补注相应的疫苗。对妊娠已逾3个月，应暂时停止预防注射，以免造成流产。对半月龄以内的羔羊，除紧急免疫外，一般暂不注射。

（六）做好日常保健工作

1. 驱虫、杀菌和健胃 按体重用碳酸氢钠（25～30片/100kg）加磺胺脒（3～4片/100kg）拌精饲料喂，1d 1次，连用2d，间隔2个月1次。

2. 微量元素和维生素的补充 用羊预混料和羊舔砖，可有效预防微量元素和维生素缺乏症。

3. 利用微生物添加剂，提高抗病力 将益生素按比例加入精饲料中，可抑制有害菌生长，防止有毒物质积累，增强免疫力，降低羊只患病率。

（七）做好传染病疫情监测工作

每年对羊群进行病原学及血清学监测，及时发现口蹄疫、布鲁菌病、小反刍兽疫等危害羊生产和人身健康的传染病。要及时掌握周边地区疫情流行情况，积极采取措施予以防范。

五、生产管理模式探讨

陈康等（2016）对贵乾半细毛羊的生产管理进行了探讨，对贵乾半细毛羊饲养管理实行“以场带户”模式，建立健全运营机制进行了分析。提出通过种羊场辐射带动周围的农户，在核心场的统一管理、统一技术指导下培育种羊。以每户饲养种羊至少30只，建标准化圈舍50m²以上，青贮池20m³以上，种植青贮玉米3 300m²以上，种植绿肥1 300m²以上，建人工草地6 600m²以上，养殖大户按以上标准，建设内容相应增加。基础母羊由场部技术人员选定，种公羊由场部统一提供，采用同期发情和人工授精的方式生产羔羊，羔羊4～6月龄时由场部收回集中培育，达到种用要求后再分别投放到其他农户进行饲养。饲养技术要点包括：

（一）饲草饲料季节性平衡供应

抓好人工种草和加大对已退化的天然草场的改良力度，实行林草间作、粮草间作及“粮-经-草”三元结构种植，放牧草地以多年生黑麦草、鸭茅和白三叶混播为主，刈割草地以一年生黑麦草和紫花苜蓿混播为主，充分利用冬闲田在10月左右混播绿肥与黑小麦，种植地方优良牧草品种洋萝卜，翌年3—4月收割；利用农作物秸秆进行青贮、微贮等的处理，提高农作物秸秆的科学利用力度。年贮备青干草15万kg以上，青贮玉米饲料75万kg以上。

（二）畜禽良种繁育

把引进、培育、推广优良畜禽品种和保护、选育地方良种作为提高畜牧业综合生产能力的一项重要措施抓紧抓好，给羊（包括公羊和母羊以及所产的羔羊）编好编号，建系谱，建配种饲养管理卡和登记配种记录等档案资料。能繁母羊的配种实行同期发情技术，控制配种时间，尽量错开寒冷的冬季产羔，以提高产羔成活率，使产羔成活率达到96%以上。实行全进全出的模式有利于各个阶段羊群的管理。实行分群饲养，即种公羊、能繁母羊、后备母羊、商品羊、育肥羔羊分群饲养。

（三）疫病综合防治

完善和规范各种防疫技术管理制度：包括免疫，检疫，监测，驱虫，卫生消毒管理，动物尸体、废弃物及粪便等无害化处理等，实现防疫工作制度化、技术管理规范化。

1. 疫病调查　通过区域性流行病学调查和对新引进种畜进行种源地疫情和病史调查，掌握种羊场疫情流行基本情况，有针对性地制订羊疫病防治技术方案和确定该场免疫的疫病种类及程序。

2. 制订合理的免疫接种程序　通过对新生羊进行母源抗体水平监测试验和对免疫羊只实行免疫抗体追踪监测试验，确定羔羊最佳免疫时期和多种疫苗免疫时免疫接种程序。

3. 进行预防免疫 对口蹄疫等重点疫病进行强制免疫，对羊传染性胸膜肺炎、羊痘、羊梭菌性疾病、炭疽等进行重点免疫。同时，对羊口疮、腐蹄病等目前缺乏疫苗免疫的常见多发病进行重点防控。

4. 疫病诊断 采用临床检查、流行病学调查、病理解剖、病原学和免疫学等多种诊断方法对疫病进行诊断。

5. 寄生虫防治 一是根据流行病学调查结果和区域实际制订驱虫工作计划，定期进行预防性驱虫。内寄生虫通过服用驱虫药物进行驱虫；外寄生虫通过药浴，也可服用驱虫药物进行驱虫。二是对新引进羊在隔离期满体况恢复后尽快喂服驱虫药物进行体内外驱虫。对近年来常见多发的附红细胞体病等要进行重点防治。

6. 定期消毒灭原 养殖场建立定期预防消毒制度，羊只更新前进行场内环境预防性消毒，每年春、秋两季各进行一次包括圈舍、牧道、用具、饮水等的消毒，每周进行一次圈舍消毒，保持圈舍卫生。

7. 无害化处理 一是粪尿等应及时清除集中进行堆积发酵处理利用。二是病羊或不明原因死亡羊只尸体按照“四不准一处理”原则进行焚烧、深埋等无害化处理，防止污染。三是对染疫羊只和可能被污染的垫草、饲料等进行无害化处理，控制人兽共患传染病的发生和流行。

第三节 提高贵乾半细毛羊繁殖性能综合技术

绵羊的繁殖性能是影响羊群数量发展和品质提高的重要生产性能。贵乾半细毛羊新品种为毛肉兼用型，掌握其繁殖生理性状，提高繁殖性能非常必要。多年来贵乾半细毛羊的繁殖性能较低，主要表现在母羊的双羔率和配怀率低。原因是多方面的：部分母羊年龄偏大，繁殖机能减弱；对双羔重视不够，培育较差，生长发育不良，死亡率较高；绵羊繁殖性状的遗传力较低，受环境因素影响很大等。因此，要提高繁殖性能必须采取综合技术措施，提高母羊配怀率、产羔率和成活率。

在国家绒毛用羊产业技术体系等项目资助下，郭振刚等（2021）采用孕酮栓＋PMSG处理对发情期贵乾半细毛羊同期发情效果的影响进行了研究，为规模化舍饲养殖和实现“两年三产”技术体系提供试验依据。

试验中，选择健康、空怀、经产母羊（经产母羊有正常繁殖史，繁殖周期正常，无生殖道健康疾病，胎次为2～4胎）贵乾半细毛羊60只，由贵州新乌蒙生态牧业发展有限公司种羊场提供。参试母羊全天然草地自由放牧，归牧后补饲精料，精饲料中含玉米60%、麦麸20%、豆粕13.75%、食盐0.5%、碳酸氢钠0.5%、黄芪多糖0.25%、预混料5%。

试验药品主要包括海绵孕酮阴道栓（50个/包，含炔诺酮30mg/个），注射用孕马血清促性腺激素（PMSG，规格为1 000IU/支），生理盐水、酒精、新苯扎氯铵等。

试验分为2组，即贵乾半细毛羊＋330IUPMSG组、贵乾半细毛羊＋500IUPMSG组。于3月底（发情期）在贵州新乌蒙生态牧业发展有限公司种羊场采用海绵孕酮阴道栓＋PMSG法对试验羊进行同期发情处理。同期发情操作步骤：首先，在试验第1天用酒精棉球擦拭清洗母羊外阴部，然后将海绵栓倒置塞进消毒处理好的栓枪内，将拉线置于栓枪的后端握住，再在栓体前端撒少许青链霉素粉末防治阴道炎，枪体外涂抹液状石蜡，以栓枪尖端对着母羊阴户纵轴方向，先稍向下压然后再稍斜向上缓缓推进到阴道底部5～7cm，最后将海绵栓推进母羊阴道内后缓缓拔出栓枪，留下3～5cm拉线。第13天，撤栓时轻轻拉拽海绵栓的拉线将其拉出，同时在颈部肌内注射事先稀释的PMSG。

采用试情法鉴定母羊发情。将腹部捆好布兜的试情公羊与试验母羊混群，观察母羊的发情表现，如母羊接受试情公羊爬跨，即被认为发情。每天8：00和18：00各试情30min，试情开始5d后未发情的母羊视为未发情。对鉴定的发情母羊立即进行标记，并集中到配种室，用精力旺盛、体质健壮、外生殖器官健康的公羊配种，采取人工辅助交配方式进行，同时记录母羊耳号及发情时间。

结果表明，贵乾半细毛羊不论是注射330IU还是500IU的PMSG，其开始发情时间分布都较为分散，最长开始发情时间延迟到撤栓注射后的60h，发情高峰期为撤栓注射后的36h（$P<0.01$）。在0～24h，贵乾半细毛羊＋500IUPMSG处理组的发情持续比例显著高于其他各组；且不论注射330IU还是500IUPMSG，发情持续0～24h数量分布都多于其他时间分布。可见在发情期采用海绵孕酮栓＋PMSG法处理贵乾半细毛羊同期发情可获得理想效果，其中注射500IUPMSG的发情效果最理想，可在生产实践中推广应用（表4－1至表4－3）。

表4－1　海绵孕酮栓＋PMSG法处理对发情期贵乾半细毛羊同期发情率的影响

处理	掉栓数/只	发情数/只	同期发情率/%
贵乾半细毛羊＋330IUPMSG组	4	12	46.15^{B}
贵乾半细毛羊＋500IUPMSG组	1	20	68.97^{B}

注：同列数据肩标不同大写字母表示差异极显著（$P<0.01$），不同小写字母表示差异显著（$P<0.05$），含相同字母或无字母表示差异不显著（$P>0.05$）。下表同。

表 4-2　海绵孕酮栓＋PMSG 法处理对发情期贵乾半细毛羊同期发情集中度的影响

处理组	发情比例				
	12h	24h	36h	48h	60h
＋330IUPMSG	—	13.33^{B} (2/15)	46.67^{A} (7/15)	33.33^{A} (5/15)	6.67^{B} (1/15)
＋500IUPMSG	10.00^{B} (2/20)	40.00^{A} (8/20)	45.00^{A} (9/20)	5.00^{B} (1/20)	—

表 4-3　海绵孕酮栓＋PMSG 法处理对发情期贵乾半细毛羊发情持续时间的影响

处理组	发情比例			
	0～12h	0～24h	0～36h	0～48h
＋330IUPMSG	26.67 (4/15)	53.33^{b} (8/15)	13.33 (2/15)	6.67 (1/15)
＋500IUPMSG	15.00 (3/20)	60.00^{a} (12/20)	25.00 (5/20)	

为加快贵乾半细毛羊多胎新品种培育进程，最大限度利用优质种公羊，郭振刚等（2021）选取健康 2～4 岁经产贵乾半细毛羊 30 只（10 只作为供体，20 只作为受体），采取埋置孕酮栓＋PMSG 法进行同期发情及递减法注射 FSH 进行超数排卵处理及自然交配后，手术法子宫角回收供体胚胎，经鉴定后进行移植。结果表明，10 只贵乾半细毛羊供体共计获得胚胎 106 枚，可利用胚胎 73 枚，平均冲胚 10.60 枚/只，平均可用胚胎 7.30 枚/只，胚胎合格率为 68.87%；胚胎移植后 3 个情期受体羊返情率为 42.11%，妊娠率为 57.89%，双胚胎妊娠率为 52.38%。可见经该方法处理后贵乾半细毛羊同期发情率高，可利用胚胎达国内平均水平，妊娠率高于国内平均水平，超排效果明显。

第四节　提高贵乾半细毛羊生产性能的研究

陈荣等（1990）通过随机抽测 405 只贵乾半细毛羊初生羔羊，平均初生重为（4.01±0.83）kg，对 312 只 4～5 月龄羔羊进行断奶鉴定，平均断奶重为（16.91±1.62）kg。成年母羊剪毛后平均活重为（32.80±3.22）kg，公羊平均为（43.17±5.16）kg；随机抽测 1 880 只成年母羊，平均毛长为（9.24±1.20）cm，产毛量为（3.17±0.86）kg，130 只成年公羊平均毛长为（11.35±1.56）cm，产毛量为（4.77±1.22）kg，羊毛主体细度 56～58 支。另外，实验室分析 70 个样品，细度 28.16μm，强度 12.16g，伸度 41.76%，净毛率 55.68%；随机抽测 461 只成年母羊，体高（61.30±4.02）cm，体长（66.08±5.23）cm，胸深（30.00±1.82）cm，胸围（85.13±7.88）cm。

150 只成年公羊平均体高（68.98±4.23）cm，体长（78.47±5.60）cm，胸深（33.31±1.80）cm，胸围（93.81±8.29）cm；随机抽测 624 只母羊，产活羊 562 只，产羔率 90.06%。对 15 只羯羊进行屠宰测定，屠宰率达 51%，净肉率 30%。

一、中药饲料添加剂对贵乾半细毛羊生产性能的提升作用

马金萍等（2017）用松针、麦芽、神曲、苍术、黄芪、杜仲、怀山药、党参、山楂、贯众、何首乌按照一定比例粉碎配制成的中药饲料添加剂饲喂贵乾半细毛羊，研究了该饲料添加剂对贵乾半细毛羊生长性能、屠宰性能及肉质的影响。

选择 16 只 4 月龄左右的贵乾半细毛羊（购自毕节市马干山牧垦场种羊基地），采用单因素随机区组设计方法，根据试验羊性别相同、质量相似的原则，将 16 只羊分为 4 组，每组 4 只。根据肉羊饲养标准，结合试验羊场长期的饲喂经验配制基础日粮，确定平均日采食量，每只羊供给 1.3kg 日粮。对照组饲喂基础日粮，试验Ⅰ组中药饲料添加剂量占日粮的 1.5%，试验Ⅱ组中药饲料添加剂量占日粮的 3.0%，试验Ⅲ组中药饲料添加剂量占日粮的 4.5%。预饲期为 10d，正式试验期为 90d。预饲期对羊舍进行常规消毒、对试验羊进行驱虫处理。正式试验期内，供试羊单栏饲养。每天 7：30、17：30 饲喂 2 次精料补充料，玉米秸秆自由采食，记录每天精饲料、粗饲料投放量及剩余量，保证羊饮水自由，定期打扫羊舍卫生。

在试验期间 0、30、60、90d 的 8：00 对各组羊进行空腹称重，分别把 0～30、31～60、61～90、0～90d 记为第 1 阶段、第 2 阶段、第 3 阶段、全期，统计每个月的日增重、采食量及饲料转化率。结束饲养试验后选择各组具有代表性的羊进行屠宰。测定宰前活重、胴体重、眼肌面积、胴体脂肪含量（*GR* 值）、净肉重、骨重，计算屠宰率、净肉率、骨肉比。测定肉色、大理石纹、剪切力、pH、熟肉率和滴水损失等肉质指标。肉色、大理石纹采用评分法；pH 用酸度计直接测定，其中宰后 45min 测定背最长肌肉样的 pH，记为 pH1；背最长肌肉采样后在 4℃条件下贮藏，24h 后测定的 pH 记为 pH24；剪切力用 C-LM 型嫩度仪测定。

结果表明，中药饲料添加剂组显著提高了试验期间贵乾半细毛羊的全期日增重（$P<0.05$），显著降低了试验期间贵乾半细毛羊的全期饲料转化率（$P<0.05$）。全期试验过程中，试验Ⅰ组、试验Ⅱ组、试验Ⅲ组平均日增重比对照组分别提高 11.1%、16.5%、10.3%，饲料转化率分别降低了 11.2%、14.0%、10.3%。各处理组羊胴体重、屠宰率及眼肌面积差异不显著（$P>0.05$），试验Ⅱ组有提高贵乾半细毛羊的屠宰性能的趋势。试验Ⅰ组、试验Ⅲ

组羊的肌肉剪切力显著低于对照组（$P<0.05$），各试验组之间差异不显著（$P>0.05$）；试验Ⅰ组、试验Ⅱ组滴水损失显著低于对照组（$P<0.05$），试验Ⅲ组与对照组之间差异不显著（$P>0.05$）；试验Ⅰ组、试验Ⅱ组、试验Ⅲ组的熟肉率显著高于对照组（$P<0.05$），而3个试验组之间的差异不显著（$P>0.05$）；试验组及对照组的初始pH无显著差异（$P>0.05$），24h后试验Ⅱ组的pH极显著高于其他处理组（$P<0.01$）（表4-4至表4-6）。

表4-4　中药饲料添加剂对贵乾半细毛羊生长性能的影响

处理	日增重/g				饲料转化率/%			
	第1阶段	第2阶段	第3阶段	全期	第1阶段	第2阶段	第3阶段	全期
对照组	72.0±21.5[a]	81.3±17.9[b]	90.5±15.7[b]	81.3±21.6[b]	10.1±1.5[a]	11.2±1.5[a]	10.8±1.2[A]	10.7±0.8[a]
试验Ⅰ组	77.9±20.5[a]	92.5±18.6[a]	100.5±21.4[a]	90.3±21.8[a]	9.8±0.6[a]	9.5±1.6[a]	9.1±0.6[B]	9.5±0.5[b]
试验Ⅱ组	80.0±15.7[a]	95.1±24.2[a]	108.9±25.1[ab]	94.7±22.0[a]	9.4±0.7[a]	9.3±0.8[a]	8.8±0.9[B]	9.2±0.7[b]
试验Ⅲ组	76.9±14.6[a]	93.0±21.3[a]	99.3±21.0[b]	89.7±19.6[a]	9.7±1.1[a]	9.9±1.5[a]	9.3±0.7[B]	9.6±0.9[b]

注：同列数据后不同大写、小写字母表示在0.01、0.05水平上差异显著。下表同。

表4-5　中药饲料添加剂对贵乾半细毛羊屠宰性能的影响

处理	宰前活重/kg	胴体重/kg	屠宰率/%	净肉率/%	*GR*值/cm	眼肌面积/cm²
对照组	26.39±1.98[b]	11.88±1.25[a]	45.03±0.21[a]	29.00±1.95[b]	0.694±0.045[b]	15.01±1.43[a]
试验Ⅰ组	27.12±2.10[b]	12.20±0.96[a]	44.97±0.64[a]	29.84±1.75[a] b	0.708±0.047[b]	15.23±0.45[a]
试验Ⅱ组	29.68±2.35[a]	13.50±1.42[a]	45.50±0.98[a]	31.10±2.24[a]	0.725±0.052[a]	16.20±1.84[a]
试验Ⅲ组	27.56±2.00[b]	12.37±0.87[a]	44.90±0.58[a]	28.95±2.01[b]	0.701±0.049[b]	15.12±0.90[a]

表4-6　中药饲料添加剂对贵乾半细毛羊肉品质的影响

处理	肉色	大理石纹	pH1	pH24	剪切力/kg	滴水损失/%	熟肉率/%
对照组	3.20±0.28[a]	3.10±0.25[a]	5.56±0.02[a]	5.25±0.02[B]	6.76±0.02[a]	6.32±0.03[a]	47.88±0.75[b]
试验Ⅰ组	3.45±0.65[a]	3.20±0.15[a]	5.60±0.04[a]	5.27±0.03[B]	5.69±0.03[b]	5.60±0.95[b]	51.65±0.80[a]
试验Ⅱ组	3.80±0.42[a]	3.30±0.30[a]	5.75±0.56[a]	5.46±0.03[A]	5.98±0.02[ab]	5.75±0.04[b]	54.00±0.05[a]
试验Ⅲ组	3.55±0.30[a]	3.10±0.20[a]	5.54±0.11[a]	5.20±0.02[B]	5.60±0.12[b]	6.02±0.06[a]	51.32±0.15[a]

二、微量元素舔砖对贵乾半细毛羊生产性能的提升作用

郭振刚等（2019）用微量元素舔砖对选育后贵乾半细毛羊生产性能、屠宰性能及肉质性能的影响进行了研究。选择体重相近、健康的5.5～6月龄选育后贵乾半细毛羊60只（贵州新乌蒙生态牧业发展有限公司种羊场提供）；微量

元素舔砖（含铁、铜、锌、钴、锰、硒、碘、钙等必需微量元素以及维生素）。

将60只试验羊随机分成对照组和试验组，每组30只，试验羊处于全天自由放牧状态，自由采食天然牧草和饮水，经预试期10d后，试验组补饲微量元素舔砖（自由舔食），对照组不补饲。正试期为90d。试验开始与结束时测定全部试验羊的空腹体重，计算平均日增重。试验结束后，采用颈动脉放血法屠宰试验羊，测定全部羊只的胴体重、屠宰率、净肉率、*GR*值、眼肌面积，测定试验羊屠宰45min后肌肉的pH、剪切力、滴水损失、熟肉率和大理石花纹等。

试验结果表明，补饲微量元素舔砖可显著提高选育后贵乾半细毛羊的平均日增重（$P<0.05$），提高生产性能；促进选育后贵乾半细毛羊能量代谢，提高能量利用率，显著提高屠宰率、净肉率和眼肌面积等屠宰指标（$P<0.05$）；通过脂肪沉积量的增加，加快生长发育速度，极显著降低选育后贵乾半细毛剪切力（$P<0.01$），显著降低滴水损失（$P<0.05$），显著提高熟肉率（$P<0.05$），从而提高系水力，改善肉质嫩度和多汁性，提高羊肉品质，增加养殖经济效益（表4-7至表4-9）。

表4-7　选育后贵乾半细毛羊生产性能测定结果

组别	初始体重/kg	末期体重/kg	平均日增重/g
对照组	27.88±1.82	36.64^{Ab}±2.21	97.34^{Ab}±3.42
试验组	28.11±1.56	39.74^{Aa}±2.86	129.23^{Aa}±2.41

注：同列数据肩标大写字母相同、小写字母不同表示差异显著（$P<0.05$），无肩标表示差异不显著（$P>0.05$）。

表4-8　选育后贵乾半细毛羊屠宰性能测定结果

组别	胴体重/kg	屠宰率/%	净肉率/%	*GR*值/mm	眼肌面积/cm^2
对照组	15.36^{Ab}±1.57	46.83^{Ab}±2.42	33.24^{Ab}±1.25	13.63±2.03	17.34^{Ab}±2.12
试验组	18.28^{Aa}±1.02	49.11^{Aa}±2.16	36.73^{Aa}±1.43	14.62±1.78	19.14^{Aa}±1.52

注：同列数据肩标大写字母相同、小写字母不同表示差异显著（$P<0.05$），无肩标表示差异不显著（$P>0.05$）。

表4-9　选育后贵乾半细毛羊肉品质测定结果

组别	pH	剪切力/N	滴水损失/%	熟肉率/%	大理石花纹
对照组	5.78±0.32	60.24^{Aa}±1.05	6.45^{Aa}±1.03	57.36^{Ab}±1.32	3.12±0.32
试验组	5.81±0.16	56.73^{Bb}±1.23	6.01^{Ab}±1.37	59.74^{Aa}±1.41	3.31±0.14

注：同列数据肩标大写字母不同表示差异极显著（$P<0.01$），小写字母不同表示差异显著（$P<0.05$），无肩标表示差异不显著（$P>0.05$）。

三、丰草期补饲对贵乾半细毛羊生产性能的提升作用

为探索丰草期补饲对贵乾半细毛羊的育肥效果，程均华等（2015）在牧草丰草期（5月中旬至9月初），随机选择断奶后体重相近的贵乾半细毛羊40只，10只为对照组（正常放牧，不补饲），另30只为试验组（放牧＋补饲），进行短期（3个月）育肥试验，定期测定羊体重、日增重，并进行屠宰性能测定。

试验羊统一编号、驱虫、健胃，公羔去势。根据羊平均体重，随机挑选10只为对照组混入大群，按照养殖场的放牧方式饲养管理；其余30只为试验组，单独组群饲养管理。

正式试验前，开展为期2周的预试验，让试验羊习惯试验期的饲料和饲养管理，补饲的精饲料由少到多，精饲料日饲喂量逐渐添加到羊体重的1.2%，以正常放牧后补饲精料不剩余为准，记录精饲料饲喂量，确定精饲料日补饲量。预试验结束时分别对对照组、育肥组空腹称重。补饲精料配方：玉米50%，小麦麸15%，油糠10%，大豆粕8%，菜籽饼10%，磷酸氢钙2%，预混料4%，食盐1%。

正试期3个月，对照组按照原饲养方式放牧饲养，不补饲精料。试验组单独组群，除按原方式饲养外，补饲精料，日补饲精料量不超过羊体重的1.2%（以预试验的实际补饲量为准），每天记录试验组所有羊的精饲料采食总量，每个月分别对对照组、试验组进行空腹称重，根据体重确定下个月试验组日补饲量。

试验期内每月15日对对照组、试验组进行活体称重，并计算单位体重增重、总增重及日增重变化。补饲结束后，分别屠宰试验组羊9只、对照组羊6只，屠宰前禁食24h，屠宰后测定胴体重、*GR*值、脂肪厚、净肉重和骨重。结果表明，试验组总增重和日增重分别为15.63kg/只、169.93g/d，对照组总增重和日增重分别为9.8kg/只、106.52g/d，体重增重效果试验组高于对照组。试验组胴体重、屠宰率、*GR*值、脂肪厚均高于对照组，骨率和净肉率则低于对照组（表4-10至表4-13）。

表4-10　不同处理下贵乾半细毛羊体重变化（kg）

组别	初始重	5月15日体重	6月15日体重	7月15日体重	8月15日体重	总增重
对照组	28.50	28.70	32.008	34.40	38.302	9.80
试验组	24.309	25.50	30.807	34.80	39.93	15.63

表 4-11 不同阶段贵乾半细毛羊体重增重情况（g/kg）

组别	5月15日至 6月15日体重增重	6月15日至7月15日 体重增重	7月15日至8月15日 体重增重	5月15日至8月15日 体重增重
对照组	129.11	220.29	141.66	361.95
试验组	218.47	377.28	204.65	581.92

表 4-12 不同阶段贵乾半细毛羊日增重比较（g/d）

组别	5月15日至 6月15日日增重	6月15日至7月15日 日增重	7月15日至8月15日 日增重	5月15日至8月15日 日增重
对照组	112.71	79.70	125.818	106.52
试验组	209.68	135.56	162.37	169.93

表 4-13 不同处理组的屠宰性能指标

组别	宰前重/ kg	胴体重/ kg	屠宰率/ %	净肉重/ kg	净肉率/ %	骨重/ kg	骨率/ %	*GR* 值/ cm	脂肪厚/ cm
对照组	36.00	16.88	46.84	12.97	76.58	3.68	21.99	8.32	3.07
试验组	38.22	18.41	48.037	14.11	76.26	3.96	21.88	10.45	4.29

四、全株玉米青贮饲料饲喂贵乾半细毛羊效果

彭华等（2018）对用全株玉米青贮饲料饲喂贵乾半细毛羊的效果进行了试验。

选择发育良好、健康无病、体重相近或相同的12月龄贵乾半细毛羊90只，试验前对每只羊进行称重、编号，然后随机分成3组，每组30只，进行舍饲。A组饲喂80%全株玉米青贮饲料+20%青干草；B组饲喂80%去穗玉米秸秆青贮饲料+20%青干草；C组饲喂青干草+玉米籽粒（200g/d）。预试期5d，正试期60d。

所有羊只均舍饲，预试期对试验羊进行驱虫、防疫，按组分圈分栏由专人进行饲喂，在环境条件完全一致的情况下分别按照试验设计进行饲喂，每天饲喂3次，自由采食和饮水。预试期每天记录试验羊青贮饲料、青干草和玉米籽粒的采食量，剩余料回收称重。在试验开始和结束时分别对试验羊进行空腹称重，计算日增重。日增重=（末重－初始重）×1 000/试验天数。结果表明，各组羊初始重差异不显著（$P>0.05$）；末

重、日增重A组显著高于B组和C组（$P<0.05$）。说明与去穗玉米秸秆青贮饲料相比，饲喂全株玉米秸秆青贮饲料能显著提高贵乾半细毛羊生产性能。

五、草地施肥管理及对生理生化指标的影响评价

为评价草地施肥对放牧贵乾半细毛羊的影响，申小云等（2012）对草地施肥对牧草和放牧贵乾半细毛羊的影响进行了研究。

试验地点位于贵州省威宁县凉水沟草场，东经103°36′—104°45′，北纬26°36′—27°26′。气候特点是冬无严寒，夏无酷暑，年平均气温10～12℃，年均降水量962mm，海拔2 200m以上。草地为退化黑麦草/白三叶草地，主要植物种类有：多年生黑麦草、白三叶、羊茅（*Festucaovina*）、早熟禾（*Poaannua*）、细叶薹草（*Carexriges－cens*）、西南委陵菜（*Potentillafulgens*）、翻白委陵菜（*Potentilladiscolor*）。试验前土壤测定数据显示，研究区土壤富含有机质，含量为7.8%～11.3%，pH6.1～6.3，土壤全N含量为（0.171±0.021）%；全P含量为（0.153±0.027）%；全K含量为（0.231±0.025）%；全S含量为（1.27±0.28）%；全Mn含量为（1.57±0.31）μg/g；全Zn含量为（2.17±0.55）μg/g；全Cu含量为（5.12±0.86）μg/g；全Fe含量为（28 757±1 396）μg/g；全Mo含量为（1.53±0.31）μg/g；全Se含量为（0.087±0.06）μg/g。

试验中，选择每公顷草地通过施肥接收80kg的N（施肥方法是细雨时撒施）。试验共分为3个处理。其中，处理1，用$(NH_4)_2SO_4$施肥；处理2，用NH_4NO_3施肥；处理3，对照组。试验从2010年5月20日开始，2010年10月中旬结束，共进行150d。

放牧动物选择：试验前，选择体重、发育和营养状况接近的2～3岁贵乾半细毛羊45只，经临床检查健康。实验动物不分公母，随机分为3组，并随机分配到试验1的牧场，每组15只。

试验开始前，在2个施肥牧场和对照牧场分别采集土壤剖面样本10个，深度为30cm，所采集土样带回实验室后，自然风干，去除石块和残根等杂物，装袋待测。试验开始和结束时，分别在2个施肥牧场和对照牧场随机采集混合牧草样本各10个，每个牧场分在10个（1m×1m）样方采集，各样方间隔100m，每个样方采集样本1个，各采集牧草样品在60～80℃高温中烘干至恒重，进行牧草样品分析。试验开始和完成时，采集各组试验牧场的每个实验动物颈静脉血液15mL，用肝素抗凝，用于矿物元素、血常规和生理生化指标分析。

土壤样品在（105±2）℃下烘干4h，研磨过75μm筛，加入1.5g/L琼脂

悬浮剂 10mL 和适量硝酸，使样品呈 0.2mol/L 硝酸悬浮液，充分混合振荡，直接上机测定。利用微波辐射对放在聚四氟乙烯密封罐内的牧草和血液样品及消化液（硝酸、高氯酸、过氧化氢等）进行加热、消解，然后上机测定。

铜（Cu）、钼（Mo）、锰（Mn）、硒（Se）、铁（Fe）和锌（Zn）的测定用 XDY-2A 型原子吸收光谱分析仪（AAS）。N 的测定用硝酸银滴定法。S 的测定用硫酸钡重量法。

结果表明，施肥牧场牧草 N 的含量显著高于对照牧场，但 2 个施肥处理之间没有显著差异。$(NH_4)_2SO_4$ 施肥引起牧草 Mn、Zn 和 S 的含量显著高于 NH_4NO_3 施肥与对照牧场，但三者的含量之间无显著差异。$(NH_4)_2SO_4$ 施肥引起牧草 Se 含量显著低于 NH_4NO_3 施肥牧场与对照牧场，但 NH_4NO_3 施肥牧场同对照牧场之间无显著差异。$(NH_4)_2SO_4$ 和 NH_4NO_3 施肥对牧草 Cu、Fe 和 Mo 含量无显著影响。

试验开始时，贵乾半细毛羊血液矿物元素含量在各处理间没有显著差异。试验结束时，$(NH_4)_2SO_4$ 施肥牧场贵乾半细毛羊血液 Mn、Zn 和 S 的含量极显著高于 NH_4NO_3 施肥牧场和对照牧场，但贵乾半细毛羊血液 Mn、Zn 和 S 的含量在 NH_4NO_3 施肥牧场和对照牧场之间没有显著差异。$(NH_4)_2SO_4$ 施肥引起贵乾半细毛羊血液 Cu、Fe 和 Se 含量显著低于 NH_4NO_3 施肥牧场与对照牧场，但 NH_4NO_3 施肥牧场和对照牧场之间无显著差异。$(NH_4)_2SO_4$ 和 NH_4NO_3 施肥对贵乾半细毛羊血液 Mo 含量无显著影响。

试验开始时，贵乾半细毛羊血液指标在各处理间没有显著差异。试验结束时，$(NH_4)_2SO_4$ 施肥牧场贵乾半细毛羊血红蛋白（Hb）含量和红细胞比容（HCT）极显著低于 NH_4NO_3 施肥牧场和对照牧场，但二者在 NH_4NO_3 施肥牧场和对照牧场之间无显著差异。$(NH_4)_2SO_4$ 和 NH_4NO_3 施肥对贵乾半细毛羊血液红细胞（RBC）计数和白细胞（WBC）计数无显著影响。

试验开始时，血液矿物元素含量各处理间没有显著差异。试验结束时，$(NH_4)_2SO_4$ 施肥牧场贵乾半细毛羊血清铜蓝蛋白（Cp）含量、超氧化物歧化酶（SOD）活力、谷胱甘肽过氧化物酶（GSH-PX）活力和血液过氧化氢酶（CAT）活力显著低于 NH_4NO_3 施肥牧场和对照牧场；但在 NH_4NO_3 施肥牧场和对照牧场之间没有显著差异。$(NH_4)_2SO_4$ 和 NH_4NO_3 施肥对贵乾半细毛羊其他血清生化值［乳酸脱氢酶（LDH）、碱性磷酸酶（AKP）、谷草转氨酶（AST）、谷丙转氨酶（ALT）、谷氨酰转肽酶（γ-GT）、血尿素氮（BUN）和总胆固醇（Chol）］无显著影响（表 4-14 至表 4-17）。

表 4-14 施肥对牧草矿物元素含量的影响

元素	硫酸铵		硝酸铵		对照组	
	开始	结束	开始	结束	开始	结束
锰 Mn (mg/kg)	62±15[b]	85±17[a]	67±17[b]	69±14[b]	65±19[b]	64±18[b]
锌 Zn (mg/kg)	58±13[b]	86±15[a]	59±15[b]	62±13[b]	57±18[b]	60±17[b]
铜 Cu (mg/kg)	4.53±1.35[a]	4.61±1.27[a]	4.62±1.31[a]	4.58±1.36[a]	4.63±1.27[a]	4.57±1.31[a]
铁 Fe (mg/kg)	657±37[a]	648±39[a]	655±33[a]	647±37[a]	659±36[a]	652±39[a]
钼 Mo (mg/kg)	0.75±0.19[a]	0.79±0.18[a]	0.82±0.17[a]	0.85±0.16[a]	0.83±0.13[a]	0.87±0.17[a]
硒 Se (mg/kg)	0.068±0.015[a]	0.045±0.015[b]	0.069±0.021[a]	0.065±0.012[a]	0.067±0.016[a]	0.065±0.023[a]
硫 S (mg/kg)	327±37[b]	479±38[a]	337±36[b]	329±35[b]	335±34[b]	331±33[b]
氮 N (%)	1.51±0.28[b]	2.53±0.28[a]	1.53±0.37[b]	2.39±1.55[a]	1.56±0.29[b]	1.55±0.27b

注：同行不同字母，表示不同处理间差异显著（$P<0.01$），下同。

表 4-15 施肥对血液矿物元素含量的影响

元素	硫酸铵		硝酸铵		对照组	
	开始	结束	开始	结束	开始	结束
锰 Mn	0.27±0.15[b]	0.39±0.13[a]	0.25±0.16[b]	0.23±0.13[b]	0.24±0.16[b]	0.23±0.17[b]
锌 Zn	0.51±0.18[b]	0.75±0.21[a]	0.52±0.22[b]	0.53±0.18[b]	0.50±0.21[b]	0.53±0.15[b]
铜 Cu	0.46±0.15[a]	0.27±0.13[b]	0.47±0.12[a]	0.46±0.14[a]	0.43±0.13[a]	0.45±0.11[a]
铁 Fe	456±32[a]	337±33[b]	442±31[a]	439±38[a]	449±31[a]	443±37[a]
钼 Mo	0.23±0.15[a]	0.25±0.17[a]	0.26±0.19[a]	0.23±0.11[a]	0.26±0.19[a]	0.23±0.15[a]
硒 Se	0.085±0.022[a]	0.057±0.019[b]	0.083±0.023[a]	0.085±0.022[a]	0.078±0.026[a]	0.081±0.023[a]
硫 S	0.061±0.019[b]	0.087±0.023[a]	0.063±0.013[b]	0.061±0.015[b]	0.067±0.017[b]	0.066±0.018[b]

表 4-16　施肥处理对血液指标的影响

血液指标	硫酸铵		硝酸铵		对照组	
	开始	结束	开始	结束	开始	结束
血红蛋白 Hb/（g/L）	123.2±27.5[a]	83.2±18.1[b]	121.8±23.3[a]	123.5±26.3[a]	122.2±26.3[a]	125.2±27.3[a]
红细胞（RBC）计数/（$\times 10^{12}$/L）	9.7±2.5[a]	9.6±3.1[a]	9.4±2.7[a]	9.8±2.8[a]	9.5±2.1[a]	9.3±2.6[a]
红细胞比容（HCT）/%	37.9±2.7[a]	28.6±2.3[b]	38.1±2.5[a]	37.1±2.1[a]	36.9±2.5[a]	38.2±2.1[a]
白细胞（WBC）计数/（$\times 10^{9}$/L）	9.5±2.1[a]	9.7±2.1[a]	9.2±2.3[a]	9.3±2.7[a]	9.4±2.2[a]	9.2±1.9[a]

表 4-17　施肥对血液生化值的影响

元素	硫酸铵		硝酸铵		对照组	
	开始	结束	开始	结束	开始	结束
铜蓝蛋白 Cp/（mg/L）	53.3±11.6[a]	41.3±8.7[b]	52.7±11.2[a]	49.9±9.2[a]	53.7±11.9[a]	52.7±12.1[a]
乳酸脱氢酶 LDH/[μmol/（s·L）]	3.57±0.33[a]	3.51±0.32[a]	3.63±0.43[a]	3.67±0.41[a]	3.58±0.39[a]	3.59±0.37[a]
碱性磷酸酶 AKP/（IU/L）	276±37[a]	281±43[a]	287±41[a]	283±36[a]	279±39[a]	277±41[a]
谷草转氨酶 AST/（IU/L）	38.2±11.5[a]	37.7±11.1[a]	36.9±13.1[a]	37.3±12.5[a]	36.9±11.7[a]	37.2±13.9[a]
谷丙转氨酶 ALT/（IU/L）	12.9±2.7[a]	12.1±2.3[a]	11.9±2.1[a]	12.7±2.5[a]	12.3±2.2[a]	12.5±2.4[a]
谷氨酰转肽酶 γ-GT/（IU/L）	18.7±3.6[a]	18.5±3.1[a]	18.1±3.5[a]	17.7±3.3[a]	17.3±3.2[a]	17.5±3.4[a]
血尿素氮 BUN/（mmol/L）	5.97±1.32[a]	5.91±1.29[a]	6.07±1.81[a]	6.11±1.73[a]	6.15±1.83[a]	6.12±1.81[a]
超氧化物歧化酶 SOD/[（μmol/s·L）]	16.7±2.9[a]	11.3±2.7[b]	16.3±2.7[a]	16.9±2.3[a]	15.9±2.1[a]	16.7±2.4[a]
谷胱甘肽过氧化物酶 GSH-PX/[（μmol/s·L）]	19.3±2.3[a]	13.7±2.1[b]	19.7±2.5[a]	19.3±2.8[a]	19.9±2.6[a]	19.9±2.4[a]
过氧化氢酶 CAT/（IU/mL）	1.97±0.63[a]	1.23±0.33[b]	1.87±0.57[a]	1.91±0.61[a]	1.86±0.58[a]	1.89±0.57[a]
总胆固醇 Chol/（mmol/L）	2.67±0.21[a]	2.71±0.25[a]	2.73±0.24[a]	2.71±0.28[a]	2.65±0.19[a]	2.77±0.23[a]

第五章　贵乾半细毛羊的特征特性及功能基因研究

第一节　贵乾半细毛羊的特征特性

贵乾半细毛羊主要生长在毕节高寒山区，平均海拔 1 550～2 200m，年均气温 11.5～11.8℃，年均降水量 890～1 150mm，无霜期 180～257d，年均日照时数 1 400～1 800h，以农户散养露天放牧为主，具有耐旱、耐寒、适应性强等特性。

世界上长毛种粗档半细毛羊，如罗姆尼羊、林肯羊是在低海拔温暖潮湿的海洋性气候条件下育成的。贵乾半细毛羊是在海拔 1 700～2 900m，冷凉潮湿和干湿两季分明的自然条件下育成的内陆亚高山型半细毛羊新品种。它扩大了半细毛羊饲养的生态环境，为我国南方草地畜牧业的开发提供了成功的范例。

贵乾半细毛羊被毛同质、白色，闭合良好，油汗白色或乳白色。公、母羊均无角，头大小适中，鼻梁平直，头毛着生至眼线。颈短而粗，颈部被毛无皱褶，胸宽深，尻平直，后躯丰满，腹毛着生良好，四肢粗壮，腿毛过飞节，体躯呈圆筒状，肉用体型明显。

第二节　贵乾半细毛羊生理生化指标

动物血液生理生化指标不仅能反映其生理状况和健康状况，也是反映机体代谢状况较灵敏的指标之一，在研究动物适应性和生产性能方面都有重要参考价值。在国家绒毛用羊产业技术体系专项等项目支持下，宋德荣等（2014）对贵乾半细毛羊的血液生理生化指标进行了测定分析。选威宁县种羊场健康无病的 6、12、36 月龄贵乾半细毛羊公羊，3 个年龄段各选择 6 只。清晨空腹，采用以 EDTA 为抗凝剂的真空采血管，由颈静脉采血，每只采 3mL。采用三分群全自动动物血液分析仪（PE－6800VET），分别测定白细胞总数（WBC）、淋巴细胞比率（LYM）、中间细胞比率（MID）、中性粒细胞比率（GRAN）、淋巴细胞（LYM＃）、中间细胞（MID＃）、中性粒细胞（GRAN＃）、红细胞总数

(RBC)、血红蛋白浓度（HGB)、红细胞比容（HCT)、平均红细胞体积(MCV)、平均红细胞血红蛋白含量（MCH)、平均红细胞血红蛋白浓度(MCHC)、红细胞体积分布宽度标准差（RDW-SD)、红细胞体积分布宽度变异系数（RDW-CV)、血小板总数（PLT)、血小板平均体积（MPV)、血小板分布密度（PDW)、血小板压积（PCT)、血小板大细胞比率（P-LCR)(表5-1)。

表5-1　贵乾半细毛羊公羊血液生理指标测定结果

项目	6月龄处理	12月龄处理	36月龄处理	平均值
WBC/（10^9 个/L)	24.39 ± 4.99^{A}	38.91 ± 7.34^{B}	35.43 ± 5.89^{B}	32.41
LYM/%	59.81 ± 10.02^{Aa}	81.69 ± 7.57^{Bab}	74.38 ± 10.31^{ABb}	71.83
MID/%	9.36 ± 2.96^{A}	3.46 ± 0.63^{B}	4.68 ± 2.02^{B}	5.91
GRAN/%	30.84 ± 7.33^{Aa}	14.85 ± 7.52^{Bab}	20.95 ± 8.51^{ABb}	22.26
LYM#/（10^9 个/L)	14.70 ± 3.95^{A}	31.84 ± 7.04^{B}	26.85 ± 7.94^{B}	24.19
MID#/（10^9 个/L)	2.24 ± 0.74^{Aa}	1.35 ± 0.33^{Bab}	1.60 ± 0.56^{ABb}	1.68
GRAN#/（10^9 个/L)	7.48 ± 2.53	5.73 ± 2.94	6.98 ± 2.04	6.54
RBC/（10^{12}个/L)	3.61 ± 0.51^{A}	4.92 ± 0.26^{B}	5.32 ± 0.97^{B}	4.62
HGB/（g/L)	125.38 ± 2.83^{a}	127.25 ± 14.13^{ab}	139.13 ± 10.97^{b}	130.29
HCT/%	17.68 ± 2.65^{A}	24.74 ± 1.46^{B}	27.18 ± 5.81^{B}	23.20
MCV/（10^{-15}L)	49.03 ± 0.42^{A}	50.34 ± 0.56^{B}	50.99 ± 1.48^{B}	50.11
MCH/（10^{-12}g)	35.36 ± 5.49^{A}	25.90 ± 3.35^{B}	26.68 ± 4.15^{B}	29.20
MCHC/（g/L)	725.29 ± 119.70^{A}	516.63 ± 70.86^{B}	526.25 ± 91.91^{B}	587.07
RDW-SD/（10^{-15}L)	18.08 ± 0.76^{Aa}	19.73 ± 0.93^{Bab}	19.74 ± 1.37^{ABb}	19.15
RDW-CV/%	12.05 ± 0.52^{a}	12.85 ± 0.58^{b}	12.69 ± 0.69^{ab}	12.50
PLT/（10^9 个/L)		916.00^{A}	$1\,715.00^{B}$	1 315.50
MPV/（10^{-15}L)		11.60	11.60	11.60
PDW/%		4.80^{a}	7.15^{b}	5.98
PCT/%		1.06^{a}	1.98^{b}	1.52
P-LCR/%		29.90	29.25	29.58

注：表中同行处理数据后不同大写、小写字母分别表示在0.01、0.05水平上差异显著。下同。

采用以EDTA为抗凝剂的真空采血管，由颈静脉采血，每只采3mL。采用兽医专用生化分析仪（VetTest 8008)，分别测定白蛋白（ALB)、尿素氮(BUN)、总蛋白（TP)、总胆红素（TBIL)、磷（PHOS)、血糖（GLU)、肌酐（CREA)、胆固醇（CHOL)、钙（Ca)、胰淀粉酶（AMYL)、谷丙转氨酶

(ALT)、碱性磷酸酶（ALKP)、球蛋白（GLOB)（表 5－2)。

表 5－2　贵乾半细毛羊公羊血液生化指标测定结果

项目	正常值范围	6 月龄处理	12 月龄处理	36 月龄处理	平均值
ALB/（g/L)	24～37	27.50±1.52	28.50±3.45	30.67±3.08	28.89
BUN/（mg/L)	50～200	235.00±28.81	225.00±28.11	198.30±58.45	219.40
TP/（g/L)	56～78	74.50±2.43^{a}	79.00±8.22^{ab}	81.50±3.08^{b}	78.33
TBIL/（mg/L)	1～4	4.67±1.75	4.33±1.97	4.83±1.17	4.61
PHOS/（mg/L)	40～89	54.17±7.20	53.17±7.57	50.00±7.16	52.44
GLU/（mg/L)	500～800	696.70±90.92	630.00±96.33	661.70±73.60	662.80
CREA/（mg/L)	6～15	5.17±0.75^{a}	4.50±0.84^{a}	6.67±1.37^{b}	5.44
CHOL/（mg/L)	440～820	400.00±112.96	561.70±124.16	445.00±136.78	468.90
Ca/（mg/L)	91～108	109.50±4.18	109.50±11.27	107.50±5.32	108.83
AMYL/（IU/L)	1～30	23.33±7.84^{a}	48.83±10.15^{b}	36.17±21.17^{ab}	36.11
ALT/（IU/L)	5～17	44.50±17.54	34.50±11.64	47.17±15.59	42.06
ALKP/（IU/L)	50～228	275.00±86.43	207.00±95.94	170.33±42.70	217.44
GLOB/（g/L)	32～41	47.17±2.14^{A}	50.33±4.87^{AB}	50.83±1.72^{B}	49.44

研究表明，12 月龄、36 月龄贵乾半细毛羊血液 RBC 极显著高于 6 月龄（$P<0.01$)，且 36 月龄>12 月龄>6 月龄；36 月龄贵乾半细毛羊 HGB 显著高于 6 月龄（$P<0.05$)；12 月龄、36 月龄贵乾半细毛羊 WBC 极显著高于 6 月龄（$P<0.01$)，12 月龄贵乾半细毛羊 LYM＃极显著高于 6 月龄（$P<0.01$)，36 月龄贵乾半细毛羊 LYM＃显著高于 6 月龄（$P<0.05$)，贵乾半细毛羊 LYM＃极显著高于 6 月龄（$P<0.01$)，36 月龄贵乾半细毛羊 PLT 极显著高于 12 月龄（$P<0.01$)。贵乾半细毛羊红细胞总数随年龄增长呈增多趋势，说明幼龄羊因生长发育迅速而致造血原料相对不足，红细胞总数和血红蛋白比成年羊低。12 月龄、36 月龄羊免疫能力明显高于幼龄羊，36 月龄羊凝血功能比 12 月龄羊好。

36 月龄贵乾半细毛羊血液 TP 显著高于 6 月龄（$P<0.05$)，总蛋白主要反映肝功能代谢能力及肝储备能力，如血清中水分减少，导致血液浓缩，造成总蛋白浓度升高，羊会出现呕吐、腹泻、休克、高热、大量出汗等症状，一些慢性炎症、慢性感染、肾上腺皮质机能减退，也会造成总蛋白偏高。36 月龄贵乾半细毛羊血 CREA 显著高于 6 月龄、12 月龄（$P<0.05$)，肌酐是肌酸和磷酸肌酸代谢的终产物，主要由肾小球滤过排出体外，血清肌酐主要用于判定

肾功能，肌酐产生量与肌肉量成正比。12 月龄贵乾半细毛羊血 AMYL 显著高于 6 月龄（$P<0.05$），胰淀粉酶主要来自胰腺、唾液腺，反映胰腺的生理机能。36 月龄贵乾半细毛羊血 GLOB 极显著高于 6 月龄（$P<0.01$），球蛋白作为抗体，可增强机体抵抗疾病的能力。3 个年龄处理的其他生化指标无显著差异。

贵乾半细毛羊血液红细胞总数为 4.62×10^{12} 个/L，低于以往报道的白萨福克绵羊、迪庆绵羊、盘羊、河南大尾寒羊、乌骨绵羊、考湖杂交绵羊、青海半细毛羊、Dorest - oelane 绵羊、科沁尔细毛羊、考力代绵羊，而白细胞总数高于以往报道的白萨福克绵羊、迪庆绵羊、盘羊、河南大尾寒羊，这可能是因为品种、性别、生活环境等不同而有所差异。

贵乾半细毛羊血液 HGB 高于白萨福克绵羊、迪庆绵羊、盘羊、河南大尾寒羊，但低于乌骨绵羊；MCH 高于白萨福克绵羊、河南大尾寒羊；HCT 略低于白萨福克绵羊、迪庆绵羊；PLT 高于白萨福克绵羊、迪庆绵羊、盘羊，主要体现在止血功能、凝血功能、毛细血管的脆性；MCV 高于白萨福克绵羊、盘羊、河南大尾寒羊。随着海拔上升，空气中氧含量逐渐降低，动物的 RBC、HGB、HCT 都会代偿性增加。

贵乾半细毛羊血液中血清总蛋白、白蛋白、球蛋白、血糖、谷丙转氨酶、碱性磷酸酶高于刘国民等（2011）报道的无角道赛特羊、苏尼特羊、乌珠穆沁羊，而血清尿素氮低于后三者。总蛋白反映了肝合成功能，肝有很强的代偿能力，当肝受到损害，血清总蛋白、白蛋白就会出现变化。尿素氮水平是蛋白质与氨基酸之间平衡的重要指标，机体内蛋白质代谢良好，血清尿素氮含量就会降低；肾功能减退或食物中蛋白质转化出现问题，血清尿素氮含量就会升高。谷丙转氨酶存在于各组织细胞，以肝中含量最多，其次是在心肌细胞内，血清中酶活性很低，当这些组织病变、细胞坏死或通透性增强，使血清中 GPT 活性增高，血清 GPT 主要用于肝病的诊断。碱性磷酸酶与骨骼生长密切相关，可作为评价动物骨骼生长与选种的辅助指标。血糖作为能量的主要来源，对于稳定细胞正常功能具有重要意义，须保持在一定水平，血糖不足会影响动物机体的免疫功能。

第三节　线粒体 D - loop 区遗传结构分析

随着对贵乾半细毛羊研究的深入，新的生物信息学已经在贵乾半细毛羊的研究中开始利用。不同的基因决定了贵乾半细毛羊不同的性状表达，进而影响贵乾半细毛羊的生长发育、品质改进等，因此对其功能基因的研究不仅是了解贵乾半细毛羊的主要工具，而且对贵乾半细毛羊未来的选育具有重要作用。

线粒体（mitochondrion）是生物能量代谢的重要细胞器。线粒体 DNA（mitochondrial DNA，mtDNA）是共价键合的环状双链 DNA 分子，相对于细胞核 DNA 来说其分子质量较小（15.7～19.5kb）；在单个动物体内具有高度的均一性，在生物体组织中无特异性；线粒体 DNA 的进化速度一般是细胞核遗传物质变异速度的 5～10 倍，因此线粒体 DNA 在不同的物种、种内不同群体间变异程度大，与细胞核 DNA 相比，线粒体 DNA 具有更为丰富的多态性，对于种内和近缘种间的遗传解析保持着很高灵敏度。此外，线粒体 DNA 的遗传方式是母系遗传，独特的遗传方式避免了父系个体对遗传的影响，单个个体就能作为整个母系集团的代表，因此对于试验材料的需求相对较少。通过对已被驯化的畜禽体内线粒体 DNA 类型进行研究，能够重新展示其野生先祖的 DNA 类型，这得益于线粒体 DNA 在世代传递过程中保持着相对的稳定性，同时也因为其严格的母系遗传而使畜禽品种的母系特征得以反映，因此线粒体 DNA 成为归类和探索动物物种进化历程的重要工具，也为各个地方品种的遗传多样性研究以及保种育种工作提供了有力支持。通常线粒体的控制区也被称为 D－loop 区，其大约占线粒体 DNA 总量的 6%。在中国有关绵羊线粒体 DNA 遗传多样性的探究方法较少，RFLP 方法是较先采用的方法之一。目前，线粒体 DNA－RFLP 技术大多被用于牛、猪和鸡等畜禽动物的起源进化和品种间亲缘关系的研究中。尽管已有绵羊起源和品种分化方面的研究，但鲜见对贵乾半细毛羊与山羊遗传学研究的相关报道。

张继等（2022）对 20 只贵乾半细毛羊的线粒体 DNA D－loop 序列进行 PCR 扩增测序与分析，探究贵乾半细毛羊母系的遗传结构。结果表明，20 只贵乾半细毛羊个体的 A、G、C、T 平均含量分别为 33.1%、14.4%、22.9%、29.7%，其中 A+T 为 62.8%，G+C 为 37.3%，A+T 含量明显高于 G+C 含量。20 条序列中共发现多态位点 84 个，其中转换 83 个，颠换 1 个（表 5－3）。

表 5－3　贵乾半细毛羊线粒体 DNA D－loop 区的核苷酸组成与长度

GZ 序列	T/%	C/%	A/%	G/%	长度/bp
GZ9	30.0	22.4	33.1	14.5	1 181.0
GZ24	29.5	23.1	33.1	14.3	1 178.0
GZ3	29.2	23.4	33.1	14.3	1 181.0
GZ16	29.8	22.7	33.0	14.5	1 181.0

（续）

GZ序列	T	C	A	G	长度/bp
GZ4	29.8	22.8	33.3	14.1	1 181.0
GZ6	29.6	22.9	33.0	14.4	1 181.0
GZ22	29.2	23.4	33.0	14.4	1 181.0
GZ11	30.6	21.6	33.1	14.7	1 181.0
GZ10	30.0	22.9	32.6	14.5	1 106.0
GZ23	29.2	23.3	33.1	14.4	1 180.0
GZ12	29.9	22.6	33.0	14.5	1 181.0
GZ2	29.6	22.9	33.1	14.3	1 181.0
GZ17	29.7	22.9	33.1	14.3	1 181.0
GZ5	29.9	22.6	33.0	14.5	1 181.0
GZ15	29.6	22.9	33.1	14.3	1 181.0
GZ19	29.7	22.9	33.1	14.3	1 181.0
GZ20	29.6	22.9	33.2	14.2	1 181.0
GZ1	29.6	22.9	33.4	14.1	1 176.0
GZ13	29.2	23.4	33.0	14.4	1 181.0
GZ14	29.2	23.4	33.0	14.4	1 181.0
平均值	29.7	22.9	33.1	14.4	1 176.8

第四节　*ADAMTS1* 基因

一、*ADAMTS1* 基因概述

金属蛋白酶解离素家族（a disintegrin and metalloproteinase，ADAMS），又称 MDC（metalloproteinase disintegrin cysteinrich），是近年来发现的锚定于细胞膜跨膜糖蛋白家族，含凝血酶敏感蛋白模体的去解联金属蛋白酶（a disintegrin and metalloproteinase with thrombospondin motifs，ADAMTS），是一类含凝血酶敏感蛋白模体的去整联蛋白和金属蛋白酶域的分泌性蛋白质。ADAMTS 是由 ADAMTS1～ADAMTS20 组成的金属蛋白酶家族，ADAMTS1 是 ADAMTS 金属蛋白酶家族的第 1 个成员。ADAMTS1 与 ADAMTS 家族其他蛋白一样具有血小板反应素基因，能分泌到细胞外并与细胞外基质（extracelluarmatrix，ECM）结合，从而参加 ECM 蛋白调节。ADAMTS1 通过 C-末端的金属蛋白酶亚结构与 ECM 结合，降解蛋白多糖、聚集蛋白聚糖和多功能蛋白聚糖。金属蛋白酶的核心结构是锌指结构。*ADAMTS1* 基因在成年哺乳动物的正常组织中处于沉默状态，但在胚胎发育过程中发挥着重要作用，*ADAMTS1* 基因在胚胎发育期（10～18d）的卵巢、脑、胎盘、心脏、肺、肝、脾和肾中都大量表达，且起着重要的调控作用。*ADAMTS1* 来源于肿瘤细胞，因其蛋白质分子 C-末端的特殊结构可以结合细胞外基质，通过介导细胞与细胞、细胞与细胞外基质的相互作用，从而在个体生长、泌尿生殖器官形态改变，以及炎症、肿瘤生长转移、动脉粥样硬化等生理和病理过程中发挥重要作用。人们推断 *ADAMTS1* 基因对排卵过程的发生起着非常重要的作用，即在雌性动物维持其繁殖能力中起着重要作用。Yung 等（2010）对 *ADADTS1* 基因在体外成熟和体外受精的人粒层细胞的表达模式进行研究，结果发现，*ADAMTS1* 的表达产物是在粒层细胞壁中与滤泡窦增长直接相关的 LH/hCG，其表达产物与粒层细胞的堆积和卵母细胞的受精能力紧密相关。研究结果发现，*ADAMTS1* 基因第 7 外显子 72bp 处出现 C→G 碱基颠换，导致 622 位氨基酸精氨酸变为脯氨酸，导致了 *Pvu* Ⅱ 限制性内切酶长度多态性，B 等位基因为优势等位基因；第 7 内含子 512bp 处存在 G→A 转换，导致 *Mva* Ⅰ 限制性内切酶长度多态性，对蒙古羊 *ADAMTS1* 基因序列进行研究，发现蒙古羊 *ADAMTS1* 基因与人、猪的相比有 9 个位点的碱基插入。

二、贵乾半细毛羊的 *ADAMTS1* 基因研究

在国家现代农业产业技术体系专项资金等项目支持下，为探索 *ADAMTS1* 基因在绵羊繁殖中的作用，张琼娣等（2015）以贵乾半细毛羊为试验对象构建 DNA 池，分别设计引物扩增第 1、2、5、6、7 和 9 外显子，研究 *ADAMTS1* 基因的遗传多态性。结果显示，*ADAMTS1* 基因第 6 外显子有 1 个 SNP（A255C），第 9 外显子有 4 个 SNP（A127G、G243T、G303T、A401G）。生物信息学分析表明，SNP 位点对 *ADAMTS1* 基因 RNA 二级结构和蛋白结构均有一定影响。*ADAMTS1* 基因可能影响贵乾半细毛羊的繁殖性状。

试验中，选用贵州威宁县种羊场的健康半细毛羊母羊 36 只，颈静脉采血 5mL，置于含抗凝剂的真空采血管中，－20℃保存备用。用 Ezup 柱式血液基因组提取试剂盒提取贵乾半细毛羊 DNA，1.0％琼脂糖凝胶电泳检测 DNA 提取效果，超微量紫外分光光度计测量每个 DNA 样品浓度，并分别调整 DNA 浓度至 100ng/mL，每个 DNA 样品取 5μL 混合构建 DNA 池。

根据 GenBank 中提供的绵羊 *ADAMTS1* 基因 DNA 参考序列（登录号：NC 019458.1），利用 PrimerPremier5.0 软件设计 4 对特异性引物，对 *ADAMTS1* 基因第 1、2、5、6、7、9 外显子及部分内含子进行扩增。PCR 反应体系 30μL：基因组 DNA3μL，上、下游引物（10pmol/μL）各 4.5μL，2× *Taq* PCR Master Mix 10μL，双蒸水 8μL。PCR 扩增程序为：94℃预变性

5min；94℃变性50s，退火（退火温度见表5-4）50s；72℃延伸90s，35个循环；72℃延伸10min。PCR产物用1.0%琼脂糖凝胶电泳检测，并用凝胶成像系统对电泳结果进行观察。

将特异性好、产量高的PCR产物委托北京诺赛基因组研究中心有限公司进行纯化和双向测序，利用DNAStar软件对测序结果进行校正，BLAST分析确定SNPs。

结合DNAStar和MWSnap软件中的标尺测量各SNP等位基因相应的峰高。根据以下公式估算基因频率：

$$f_i = h_i/(h_1 + h_2)(i = 1,2)$$

式中，f_i 表示SNP位点某等位基因的频率；h_1 和 h_2 分别表示测序图上该SNP等位基因1峰、2峰的高度；h_i 表示测序图上该SNP等位基因1峰或2峰的高度，i=1，2。

表5-4　引物序列、产物长度及退火温度

引物	上游引物 引物序列（5′→3′）	下游引物 引物序列（5′→3′）	退火 温度/℃	产物 长度/bp
ADAMTS1-1	GCGGAGACCGAAGAGGGTCT	AAGTGCGGGGTCTTGGATG	58.7	965
ADAMTS1-2	TATTCTTGGTGAGACTGTTTCCG	CTCAAGTTTCACAGTCCTAGTTG	56.7	741
ADAMTS1-（5-7）	CCCCTGCGTGCCTTTAGTT	CTGTCAAGCCAAAGGCACTG	58.9	990
ADAMTS1-9	TTACCTGATTGCCTGGTGTTTCA	TGGGAGGTAGAGGTAGGTAGAAA	57.7	780

将*ADAMTS1*基因突变前后不同DNA序列进行RNA二级结构变化预测，并将*ADAMTS1*基因突变前后不同精氨酸序列进行蛋白质二级结构变化预测。用1.0%琼脂糖凝胶电泳检测试验提取的DNA组，结果可见，基因组DNA完整性好，条带整齐。超微量紫外分光光度计测量每个DNA样品浓度，其 D_{260nm}/D_{280nm} 值在1.8～2.0，可直接用于PCR扩增试验。

将扩增后的产物用1.0%琼脂糖凝胶电泳检测，PCR扩增出的产物大小与预期目的片段大小一致，扩增产物条带清晰明亮、整齐、无杂带，大小符合所要扩增的目的片段的长度要求。

设计4对引物扩增贵乾半细毛羊*ADAMTS1*基因第1、2、5～7、9外显子序列及部分内含子，并进行产物双向测序，测序结果表明，贵乾半细毛羊在第1、2外显子部分没有发生突变，而第5～7、9外显子发生突变，BLAST分析共发现了5个SNPs。在第6外显子发现了1个SNP，位点为：255bp处发生了A→C的碱基颠换；在第9外显子发现了4个SNPs，以*ADAMTS1*基因的第9外显子第1位为+1位，在127bp处发生了A→G的碱基颠换，243bp处发生了G→T的碱基颠换，在303bp处发生了G→T的碱基颠换，401bp处发生了 A→G 的碱基颠换。

分别测量半细毛羊 5 个 SNPs 等位基因相应的峰高，根据公式估算各个 SNPs 等位基因频率，结果表明，C+255A（C）位点 C、A 等位基因频率分别为 0.633 3 和 0.366 7；G+127A（G）位点 G、A 等位基因频率分别为 0.608 1 和 0.391 9；T+243G（T）位点 T、G 等位基因频率分别为 0.784 8 和 0.215 2；T+303G（T）位点 T、G 等位基因频率分别为 0.758 6 和 0.214 4；G+401A（G）位点 G、A 等位基因频率分别为 0.645 8 和 0.354 2（表 5-5，图 5-1）。

表 5-5　贵乾半细毛羊 *ADAMTS1* 基因 SNPs 等位基因频率估算结果

突变碱基	C+255A（C）		G+127A（G）		T+243G（T）		T+303G（T）		G+401A（G）	
	C	A	G	A	T	G	T	G	G	A
基因频率	0.633 3	0.366 7	0.608 1	0.391 9	0.784 8	0.215 2	0.758 6	0.214 4	0.645 8	0.354 2

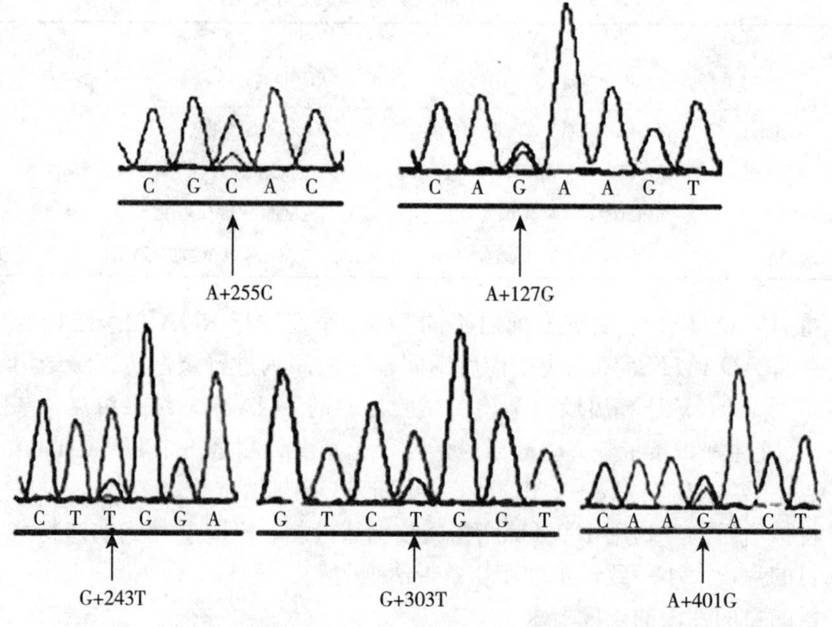

图 5-1　贵乾半细毛羊 *ADAMTS1* 基因 SNPs 等位基因突变

突变前后 *ADAMTS1* 基因的 RNA 二级结构预测结果表明，多态性位点导致 *RNA* 二级结构显著改变，并且该突变导致 *RNA* 二级结构最小自由能发生改变，由−4 179.42kJ/mol 变为−4 243.26kJ/mol，影响*RNA*二级结构稳定性，可能影响随后蛋白质翻译过程。利用在线 SOPMA 服务器预测贵乾半细毛羊 *ADMTS1* 基因突变前后蛋白质二级结构变化，表明突变前后，α 螺旋由 3 变到 60，β 转角由 9 变成 6，延伸链由 34 变到 33，自由卷曲由 157 变到 144

（表5-6）。

表5-6　*ADAMTS1* 基因突变前后RNA二级结构分析结果

	α螺旋/%	β转角/%	延伸链/%	自由卷曲/%
突变前	1.48（3）	4.43（9）	16.75（34）	77.34（157）
突变后	5.67（60）	3.09（6）	17.01（33）	74.23（144）

第五节　*GHSR* 基因

一、*GHSR* 基因概述

促生长激素分泌素受体（growth hormonese cretagogue receptor，GHSR）是促生长激素分泌素（GHS）和生长激素释放肽（Ghrelin）的受体。GHSR与其配体Ghrelin相结合后能促进生长激素（growth hormone，GH）的释放（Kojima等，1999），具有促进胃酸分泌、改进胃肠道、增加食欲等功能（Hayashida等，2001；方梅霞等，2011），并对能量调节代谢平衡、心血管功能改善等有重要作用（Naka-zato等，2001；Wren等，2001；Miyasaka等，2006）。一直以来，人们都关注于对Ghrelin的研究，直到近年来人们才逐渐意识到Ghrelin的受体GHSR同样具有十分重要的生物学功能。Shuto等（2002）研究结果表明，*GHSR* 基因与肥胖及各种疾病相关，对大鼠 *GHSR* 基因敲除试验表明，*GHSR* 能影响食物摄入，调节动物的体重（Zigman等，2005；张宝等，2009；黄稀贵等，2004）。Zigman等（2005）试验结果还表明，*GHSR* 基因对小鼠血糖水平有影响。

二、贵乾半细毛羊的 *GHSR* 基因研究

在国家现代农业产业技术体系专项资金等项目支持下，张琼娣等（2014）对贵乾半细毛羊促生长激素分泌素受体基因SNPs进行了筛查与变异分析。结果发现，在贵乾半细毛羊 *GHSR* 基因中筛选到2个SNPs：*T70G* 和 *G229A*，均为同源突变，SNPs位点导致 *GHSR* 基因mRNA二级结构发生变化。*GHSR*基因多态性可能影响贵乾半细毛羊的生长。

试验中，选用贵州威宁县种羊场的健康半细毛羊母羊36只，颈静脉采血5mL置于含抗凝剂的真空采血管中，−20℃保存备用。

用Ezup柱式血液基因组提取试剂盒提取贵乾半细毛羊DNA，1.0%琼脂糖凝胶电泳检测DNA提取效果，超微量紫外分光光度计测量每个DNA样品浓度，并分别调整DNA浓度至100ng/mL，每个DNA样品取5μL混合构建

DNA 池。

根据绵羊 *GHSR* 基因在 GenBank 提供的 DNA 参考序列（登录号：NC 019458.1），利用 PrimerPremier5.0 软件设计 1 对特异性引物，对 *GHSR* 基因第 2 外显子进行扩增。引物序列为：上游引物，5′- TCACTCATTAT - TCTACACCAGAAGC- 3′；下游引物，5′- ACAC - CCAATFTCCAAATTA-AGG - 3′，预计扩增片段长度为 549bp。

PCR 反应体系 40μL：基因组 DNA5μL，上、下游引物（10pmol/μL）各 4.5μL，2× *Taq* PCR Master Mix 试剂 18.5μL，双蒸水 7.5μL。PCR 扩增条件：94℃预变性 5min；94℃变性 50s，57.7℃退火 50s，72℃延伸 90s，40 个循环；72℃延伸 10min。PCR 产物用 1.0%琼脂糖凝胶电泳检测，并用凝胶成像系统对电泳结果进行观察。

将特异性好、产量高的 PCR 产物委托北京诺赛基因组研究中心有限公司进行纯化和双向测序，利用 DNAStar 软件对测序结果进行校正，BLAST 分析确定 SNPs。

结合 DNAStar 和 MWSnap 软件中的标尺测量各 SNPs 等位基因相应的峰高。根据以下公式估算基因频率（李敬瑞等，2011；杨永强等，2012；Gnanapavan 等，2002）。

$$f_i = h_i/(h_1 + h_2)$$

式中，f_i 表示 SNP 位点某等位基因的频率；h_1 和 h_2 分别表示测序图该 SNP 等位基因 1 峰、2 峰的高度；h_i 表示测序图该 SNP 等位基因 1 峰或 2 峰的高度，$i=1$，2。

利用 RNA secondary structure prediction 软件预测 *GHSR* 基因突变前后不同 DNA 序列 mRNA 二级结构。

试验提取的 DNA 组用 1.0%琼脂糖凝胶电泳检测，结果可见，基因组 DNA 条带比较整齐完整，用超微量紫外分光光度计测量每个 DNA 样品浓度，其 D_{260nm}/D_{280nm} 值皆在 1.8～2.0 内，基因组 DNA 无须再进行纯化，可直接用于 PCR 扩增试验。

采用自行设计的引物经过 40 个循环的 PCR 扩增后，得到贵乾半细毛羊 *GHSR* 基因目的片段共 549bp，与预期片段长度相符。

以贵乾半细毛羊 DNA 池为模板，将自行设计引物扩增 *GHSR* 基因第 2 外显子序列并测序，BLAST 分析共发现 2 个 SNPs，以 *GHRS* 基因第 2 外显子第 1 位为+1 位，SNPs 位点分别为：在 70bp 处发生了 T→G 的碱基颠换；在 229bp 处发生了 G→A 的碱基颠换，均为同义突变，不引起氨基酸改变（图 5 - 2）。

分别测量半细毛羊 2 个 SNPs 等位基因相应的峰高，根据公式估算 T70G

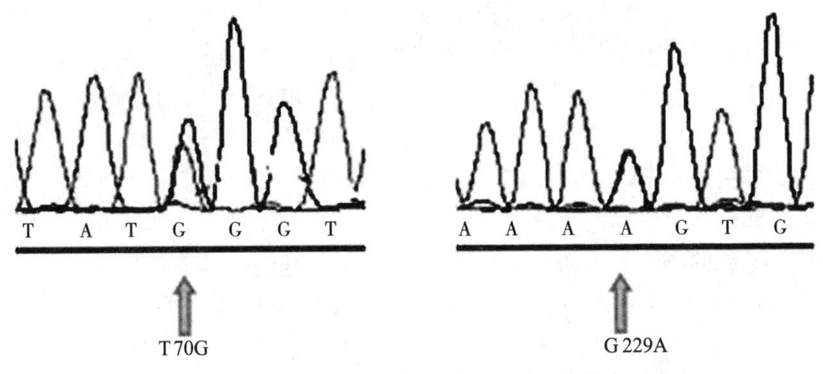

图 5-2　贵乾半细毛羊 *GHSR* 基因 SNPs 等位基因突变

和 G229A 的等位基因频率，结果表明，T70G 中 T、G 等位基因频率为 0.494 6 和 0.505 4；G229A 中 G、A 等位基因频率为 0.557 4 和 0.442 6。

突变前后 *GHSR* 基因的 RNA 二级结构预测结果表明，多态性位点导致 RNA 二级结构显著改变，且该突变导致 RNA 二级结构最小自由能改变，由－1 583.56kJ/mol 变为－1 580.63kJ/mol，影响 RNA 二级结构稳定性，可能影响随后蛋白质翻译过程（表 5-7）。

表 5-7　贵乾半细毛羊 *GHSR* 基因 SNPs 等位基因频率估算结果

品种	T70G		G229A	
	T	G	G	A
贵乾半细毛羊	0.494 6	0.505 4	0.557 4	0.442 6

本研究首次在贵乾半细毛羊 *GHSR* 基因中筛查到 SNPs 位点，其中 T70G 和 G229A 均引起氨基酸同一突变。比较 2 个多态性位点等位基因频率，发现在贵乾半细毛羊中差异较小，均在 0.5 附近，是否在其他羊品种中也一致，仍需要进一步扩大羊品种数进行研究。突变前后 *GHSR* 基因 RNA 二级结构发生改变，最小自由能由－1 583.56kJ/mol 变为－1 580.63kJ/mol，影响到蛋白质二级稳定性。

第六节　*FecB* 基因

一、*FecB* 基因概述

FecB 基因是 Davis 在 20 世纪 80 年代从布鲁拉美利奴绵羊中发现的。当时，Davis 认为该基因有可能是增加布鲁拉美利奴绵羊排卵数和产羔数的一个染色体突变基因。在绵羊高繁殖力的主效基因中，*FecB* 基因是第 1 个被识别

出的。该基因在 1989 年被绵、山羊遗传命名委员会正式命名为 *FecB* 基因。Lord 等（1996）利用微卫星 BM1329 和 OarAE101 作标记对 *FecB* 基因进行研究，发现 *FecB* 基因位于 6 号染色体的 BM1329 和 OarAE101 之间 10cM 连锁群中。

FecB 基因对绵羊的生理有多方面的影响，其中最为显著的生理作用体现在对卵巢排卵卵泡数量和大小的影响。有研究发现，不携带 *FecB* 基因的野生型母羊成熟并排卵的卵泡直径都显著大于携带有 *FecB* 基因的母羊（基因纯合和基因杂合），并且不携带 *FecB* 基因的野生型母羊小卵泡所含有的颗粒细胞比携带 *FecB* 基因纯合的母羊多得多。Wilson 等（2001）发现，*FecB* 基因第 7 外显子发生 1 处突变（A746G），突变导致了第 249 位氨基酸由谷氨酰胺（Gln）突变为精氨酸（Arg），造成布鲁拉美利奴绵羊排卵数明显增加。李达等（2012）利用 PCR-SSCP 以及 PCR-RFLP 方法对湖羊、小尾寒羊、阿勒泰羊、洼地绵羊的 *FecB* 基因进行 SNP 分析，研究结果显示，上述 4 个绵羊品种均携带 *FecB* 基因突变，且能证明 *FecB* 基因为洼地绵羊高繁殖力的主效基因。

二、贵乾半细毛羊的 *FecB* 基因研究

为研究贵乾半细毛羊 *FecB* 基因的特性，王振、申小云等（2016）构建贵乾半细毛羊 DNA 池，对 *FecB* 基因的 SNP 多态性位点进行筛选，并做生物信息学分析，估算基因频率，探究 SNP 多态性位点对 RNA 二级结构、蛋白质结构的影响。

试验中，贵乾半细毛羊 60 个血样采自贵州省毕节市威宁县威宁种羊场。采用血液 Ezup 柱式基因组 DNA 抽提试剂盒提取贵乾半细毛羊血样的 DNA，血样 DNA 基因组的提取效果通过琼脂糖凝胶电泳进行检验，DNA 浓度则利用紫外分光光度计进行检测，并将 DNA 基因组的浓度分别调整到 100ng/μL。然后分别将威宁绵羊和贵乾半细毛羊的 DNA 样品每个各取 5μL 混合，构建两个 DNA 池。

通过 NCBI 数据库查找绵羊 *FecB* 基因的 DNA 序列（GenBank 登录号：NC_019463.1），再利用 NCBI 的在线软件 Primer-BLAST 设计 11 对特异性引物。PCR 扩增采用鼎国生物公司生产的 Mix，反应体系总体积为 30μL，将扩增的 PCR 产物利用 1%的琼脂糖凝胶电泳检测，再运用凝胶成像仪对试验的凝胶电泳结果进行拍照，并观察各对特异性引物 PCR 扩增的效果（表 5-8）。

PCR 产物纯化后由北京诺萨基因公司对其进行双向测序，运用 DNA Star 软件对测序结果进行校正对比，再通过 BLAST 软件分析确定单核苷酸多态性。

根据公式 $A_i = B_i / (B_1 + B_2)$，估算等位基因频率。式中，$i=1, 2$；A_i 表示 SNP 位点等位基因频率；B_1 和 B_2 分别表示测序结果上该 SNP 等位基因 1 峰、2 峰相对应的峰高。

利用在线软件对 RNA 的二级结构、蛋白质的二级结构、蛋白质的三级结构进行预测。

表 5-8　引物序列、退火温度及目的片段长度

引物	上游引物序列（5′→3′）	下游引物序列（5′→3′）	退火温度/℃	目的片段长度/bp
引物 1	AGAGAAAACGAGAGAGAAACAC	ACCAGCATCCACTATAAACTTA	61.3	537
引物 2	ATGTGTTTTCTCTGTATGTCT	ATCTGCACTCTCTGTTTATGT	56.9	486
引物 3	GCTTGCCATTTCCTTCTC	CAGCTTTGCACTTCCACA	59.4	633
引物 4	AGCATTTCACCATGTCTG	CACTTTCTCCCTCCTCTA	61.3	499
引物 5	CTTTTATCCTGTGTCAAACCTG	CCTAGAGATGAAATTTTTCTGG	56.9	549
引物 6	TAATGATGACTTTGTGCTTTGG	GTTGGTTGTAATACTTTTGCCT	55.0	591
引物 7	ACATTCTTTACCACTAGCGC	GTTTCATTTCAAGTCCACCA	53.0	541
引物 8	CTGAATGAAATGCTGAGTAAAA	CTAAATATCCTAGAAGCCCTGA	59.4	471
引物 9	TATATGAAGGGAAGGACGGT	AGTAGTAGCAGGTGGAGGGA	53.7	639
引物 10	GGGTTTTTGTGTTTGTGGC	ATGTATTTTGGAAGCGGCA	55.0	452
引物 11	GAAACCCAGAACTAGAAGCCA	AGCCACAAGTAGGGAAATGAA	55.0	1 870

运用 PCR 技术扩增出贵乾半细毛羊 *FecB* 基因的部分序列，将扩增产物常规纯化，然后进行双向测序。利用 BLAST 软件分析测序共发现 10 个 SNPs，以各个外显子第 1 位碱基数分别为 1，SNPs 分别为 exon5 - A39G、exon9 - C37A、exon11 - C87A、intron2 - A62G、intron4 - A1023G、intron10 - G24A、exon9 - A8G、intron1 - G243A、intron3 - G177A 和 exon8 - T86C。上述的 SNPs 中 exon5 - A39G 和 exon9 - A8G 为错义突变，exon5 - A39G 突变导致编码的异亮氨酸（Ile）变为缬氨酸（Val），exon9 - A8G 突变导致编码的天冬酰胺（Asn）变为天冬氨酸（Asp）；exon9 - C37A 和 exon11 - C87A 多态位点均未改变氨基酸的编码，为同义突变；intron2 - A62G、intron4 - A1023G、intron10 - G24A、intron1 - G243A 和 intron3 - G177A 均在内含子区，不参与氨基酸编码。

运用 MWSnap 软件测量贵乾半细毛羊等位基因峰的高度，估算等位基因的频率。

预测各 SNP 突变位点突变前和突变后 *FecB* 基因的 RNA 二级结构，通过预测结果可以看出，突变引起 RNA 二级结构的自由能发生变化，突变前最小自由能为－2 564.92kJ/mol，突变后 exon5 - A39G、exon8 - T86C、exon9 -

A8G、exon9 - C37A、exon11 - C87A 最小自由能分别为−2 630.02、−2 169.11、−2 593.91、−2 502.16、−2 505.67kJ/mol。RNA 的二级结构及最小自由能的变化可能会使其稳定性受到影响，进一步影响蛋白质的翻译过程。

通过在线软件分析预测贵乾半细毛羊 FecB 蛋白质二级结构突变前后的变化。结果表明，exon5 - A39G 在突变前后 β 转角、α 螺旋、自由卷曲和延伸链均没有发生变化，而 exon9 - A8G 在突变前后 α 螺旋、β 转角和延伸链发生了变化，自由卷曲则没有发生变化。

利用蛋白质三级结构的在线预测软件对 FecB 蛋白质突变前后的二级结构进行分析，结果表明，突变后多态位点导致 FecB 蛋白质二级结构有所改变（表 5 - 9、表 5 - 10）。

表 5 - 9　等位基因频率估算结果

突变位点	等位基因频率	
	突变前	突变后
exon5 - A39G	A（0.811）	G（0.189）
exon8 - T86C	T（0.484 8）	C（0.515 2）
exon9 - A8G	A（1）	G（0）
exon9 - C37A	C（0.608 7）	A（0.391 3）
exon11 - C87A	C（0.755 6）	A（0.244 4）
intron1 - G243A	G（1）	A（0）
intron2 - A62G	A（0.761 4）	G（0.238 6）
intron3 - G177A	G（0.186 4）	A（0.813 6）
intron4 - A1023G	A（0.811 3）	G（0.188 7）
intron10 - G24A	G（0.241 4）	A（0.758 6）

表 5 - 10　FecB 蛋白质突变前后二级结构分析结果

突变	β 转角/%	α 螺旋/%	自由卷曲/%	延伸链/%
突变前	10.36	30.68	39.04	19.92
exon5 - A39G	10.36	30.68	39.04	19.92
exon9 - A8G	10.16	31.08	39.04	19.72

结果显示，在扩增的 *FecB* 基因中筛选到 8 个 SNPs，包括 exon5 - A39G、exon9 - C37A、exon11 - C87A、intron2 - A62G、intron4 - A1023G、intron10 -

G24A、intron3 - G177A 和 exon8 - T86C。上述的 SNPs 中，exon5 - A39G 为错义突变，exon5 - A39G 突变导致编码的异亮氨酸（Ile）变为缬氨酸（Val），exon9 - C37A 和 exon11 - C87A 多态位点均未改变氨基酸的编码，为同义突变。为后续科学研究和生产实践奠定了基础。

第七节　*SOCS7* 基因

一、*SOCS7* 基因概述

SOCS 家族，即细胞因子信号传导抑制蛋白（suppressor of cytokine signaling，SOCS），SOCS7 是细胞因子信号传导途径抑制蛋白的家族成员，对细胞因子或生长因子通路起着重要的负调控作用。SOCS 蛋白家族包括 SOCS1、SOCS2、SOCS3、SOCS4、SOCS5、SOCS6、SOCS7 和细胞因子诱导 SH2 蛋白（cytokine inducible SH2 protein，CIS）共 8 个成员。GH 会诱导 *CIS*、*SOCS1*、*SOCS2* 和 *SOCS3* 基因的表达，这些基因表达后反过来发挥其调控作用抑制 GH 信号通路反应。小鼠过表达 *GH* 基因后 *SOCS3* 基因表达水平会降低。SOCS 系统蛋白结构相似，均由 N 区、SH2 区、C 端组成，不同种系的同一种 SOCS 蛋白的同源性极为相似，但不同种类的 SOCS 的差别极大（田志刚等，2000）。SOCS1 蛋白强烈抑制生长激素受体（growth hormone receptor，GHR）依赖的 JAK2（Janus kinase2）激酶酪氨酸磷酸化而减弱 GH 活性，*SOCS1* 基因过表达可能导致 GH 信号通路活性完全失活。SOCS2 蛋白对出生后生长有重要调控作用，是调控生长的候选基因。敲除该基因的小鼠比野生型小鼠重 30%～40%。此外，SOCS2 蛋白对 GH 信号通路具有双重作用，低浓度 SOCS2 蛋白抑制 GH 信号传导途径，但高浓度 SOCS2 会与 GH 受体特异性结合促进 GH 级联反应。细胞因子诱导 SH2 蛋白（CIS）能通过直接与磷酸化的生长激素受体结合抑制 GH 信号途径。SOCS4/SOCS5 蛋白共同调控表皮生长因子受体（epithelial growth factor receptor，EGFR）信号通路，表皮细胞生长因子（epidermal cell growthfactor，EGF）诱导 *SOCS4* 和 *SOCS5* 基因表达后导致 EGFR 降解，进而减弱信号传导和转录激活因子 3（signal transduction and activators of transcription - 3，STAT3）信号通路。*SOCS5* 基因主要在淋巴器官表达，并在辅助性 T 细胞 1（HelperT1，TH1）中优先表达，可直接与 IL - 4（Interleukin - 4，IL - 4）受体 α 链结合降低下游 STAT6 蛋白活性，进而减少辅助性 T 细胞 2（HelperT2，TH2）细胞分化，平衡 TH1、TH2 水平，并维持其功能。SOCS6 蛋白通过促进体内的蛋白酶降解而负向调控 T 细胞激活。SOCS7 是一种穿梭因子，目前发现 SOCS7 蛋白会与 STAT 蛋白相互作用。人 *CIS*、*SOCS1*、*SOCS2*、*SOCS3* 基因研究最为广泛，在细胞因子和生长因子的刺激下其表达水平会显著上升，随后通过不同的抑制机制对信号通路级联反应产生抑制作用。人 *SOCS2*、*SOCS4*、*SOCS5* 和 *SOCS6* 基因在不同组织中 mRNA 表达差异最小。

大量研究表明，SOCS7 是一种在细胞内分布广泛，从细胞质到细胞核内均存在的物质，目前发现 SOCS7 会与 STAT 蛋白相互作用（Sasi Walid，Jiang 等，2010）。近几年，还有研究证明 SOCS7 与人的肿瘤、原发性胆汁性肝硬化、急性白血病等诸多疾病有着密切的联系（刘金梅等，2014）。*SOCS7* 基因在人、小鼠、海马、家猪等动物的各个器官中都有表达，也有研究发现 SOCS7 对小鼠的葡萄糖代谢平衡和胰岛素的表达信号有重要的调节作用。

二、贵乾半细毛羊的 *SOCS7* 基因研究

王金洲等以 6 月龄、1 周岁和 2 周岁的贵乾半细毛羊公母羊为研究对象，利用分子手段对贵乾半细毛羊 JAK/STAT 信号转导通路相关基因 *SOCS7* 编码区序列进行克隆，并进行生物信息学分析。同时，采用实时荧光定量 PCR 的手段对 *SOCS7* 基因在贵乾半细毛羊不同性别及不同生长阶段心脏、肝、脾、肺、肾、小肠及脑组织中 mRNA 水平上的表达规律进行探究，以期得到 *SOCS7* 基因在贵乾半细毛羊各组织内的表达规律。

研究结果表明，试验成功克隆得到贵乾半细毛羊 *SOCS7* 基因的 CDS 区全序列，并发现了两种不同的可变剪接体，分别命名为 SOCS7 - V1 和 SOCS7 - V2，进一步对序列进行比对发现两种可变剪接体 CDS 区长度的不同是由于发生剪接时绵羊 *SOCS7* 基因第 5 外显子和部分第 6 外显子是否保留所引起的。*SOCS7 - V1* 基因 CDS 区长度为 1 827bp，编码 609 个氨基酸，*SOCS7 - V2* 基因 CDS 区长度为 1 662bp，共编码 554 个氨基酸，*SOCS7 - V2* 与 *SOCS7 - V1* 相比缺少 165bp 碱基对，55 个氨基酸。通过进一步分析发现，不同的可变剪接体引起了最终翻译出蛋白质的等电点、分子质量、二级结构、三级结构的改变。

通过对贵乾半细毛羊的 *SOCS7* 基因两种可变剪接体在 mRNA 水平上的表达规律的探索发现，*SOCS7* 基因两种可变剪接体在贵乾半细毛羊中均有不同程度的表达，其中 *SOCS7* 基因两种可变剪接体在贵乾半细毛羊中表达量总体规律几乎一致，即在脾内相对表达量最高，其次是肺、肾、心脏、肝和脑等组织，贵乾半细毛羊 *SOCS7* 基因在不同性别、不同生长阶段相同组织中的表达具有一定的显著性差异，并且随着贵乾半细毛羊年龄的增大，其 *SOCS7* 基因可变剪接体在组织中的相对表达量呈现小幅度上升的趋势。贵乾半细毛羊公羊在脾、心脏、肺、肝和脑 5 个组织中 *SOCS7* 基因表达量都略低于母羊。

第八节 *GFAP* 基因

一、*GFAP* 基因概述

胶质纤维酸性蛋白（glial fibrillary acidic protein，GFAP）是一种相对分子量为50 000～52 000的酸性蛋白，属细胞骨骼蛋白，是星形细胞的标志蛋白，在星形细胞中有丰富的表达。GFAP富含谷氨酸和天冬氨酸，属细胞骨骼蛋白，以中间微丝蛋白和可溶性蛋白两种形式存在于胶质细胞胞质中，是星形胶质细胞的主要成分之一。GFAP有使星形胶质细胞通过GFAP丝与细胞膜、核膜之间的相互作用，加强骨架蛋白、维持细胞形态，以及与细胞黏附和信号传导的功能。在正常生理情况下很少表达，但在病理情况下，表达会出现异常。目前大量研究证明，GFAP与多种和神经相关的疾病有着密不可分的联系。

二、贵乾半细毛羊的 *GFAP* 基因研究

王金洲等以6月龄、1周岁和2周岁的贵乾半细毛羊公母羊为研究对象，利用分子手段对贵乾半细毛羊JAK/STAT信号转导通路相关基因*GFAP*编码区序列进行克隆，并进行生物信息学分析。同时，采用实时荧光定量PCR的手段对*GFAP*基因在贵乾半细毛羊不同性别及不同生长阶段心脏、肝、脾、肺、肾、小肠及脑7个组织中mRNA水平上的表达规律进行探究，以期得到*GFAP*基因在贵乾半细毛羊各组织内的表达规律。

研究结果表明，试验成功克隆得到贵乾半细毛羊*GFAP*基因的CDS区全序列，贵乾半细毛羊*GFAP*基因CDS区序列长度为1 407bp，共编码469个氨基酸。通过对贵乾半细毛羊的*GFAP*基因在mRNA水平上的表达规律的探索发现，*GFAP*基因在贵乾半细毛羊中均有不同程度的表达，贵乾半细毛羊*GFAP*基因仅在脑组织中相对表达量最高，其余组织中表达量极低。

第九节 *STAT5b* 基因

一、*STAT5b* 基因概述

STAT5是转录信号转导子和激活子通路（signal transducers and activators of transcription，STAT）的重要组成部分，这个通路可以接受各种信号刺激调节细胞增殖、细胞分化和细胞凋亡（Levyand Darnell，2002）。STAT5包括两个亚型：STAT5a和STAT5b。STAT家族共有7个成员：STAT1、STAT2、STAT3、STAT4、STAT5a、STAT5b及STAT6（张诗赟等，

2012)。STAT5a 和 STAT5b 在结构上的区别主要在于 C 端，STAT5a 的 C 端有 20 个独特的氨基酸序列，STAT5b 的 C 端却仅有 8 个（Grimley et al.，1999）。

STAT5a 和 STAT5b 具有高度同源性，但是它们的生物学功能却不完全相同。试验表明，STAT5b 的缺失会引起生长激素信号的缺陷，进一步引起生物体发育迟缓，而 STAT5a 的缺失则会引起催乳素调控的乳腺的发育障碍（Teglund et al.，1998）。谢海强等（2014）通过 PCR - SSCP 技术研究发现，*STAT5a* 基因可能会影响山羊的各项生长指标，为山羊的育种工作提供依据。STAT5b 最早是在绵羊的乳腺中作为催乳素诱导剂被分离得到的，后来在人、鼠的肝、脂肪、前列腺、乳腺、卵巢、肌肉等组织器官中均检测到（王念鸿和郭晓蕙，2005）。STAT5b 具有非常广泛的作用，它不仅参与免疫炎症反应、通过 PRL 信号途径促进生物体泌乳（赵秀华等，2011），还能通过信号途径参与调控细胞、组织和机体的发育。Klover 和 Hen - nighausen（2007）研究表明，STAT5b 对小鼠出生后骨骼肌的正常生长非常重要，*STAT5b* 基因敲除会降低雄性小鼠体重和雌性小鼠的瘦肉重，但是脂肪重不变。方琼等（2012）通过对猪的研究，发现家猪 STAT5 通过介导生长激素从而影响生长性状。He 等（2011）通过对中国荷斯坦奶牛的研究，在 *STAT5b* 基因中检测到突变，其中突变 g. 31562T>C 对中国荷斯坦奶牛的乳蛋白量和产奶量有非常显著的影响。

二、贵乾半细毛羊的 *STAT5b* 基因研究

为了更好地对贵乾半细毛羊进行选育，王振、申小云等（2015）利用贵乾半细毛羊构建 DNA 池，设计 4 对引物扩增其 *STAT5b* 基因部分外显子及内含子序列。PCR 产物经纯化后进行双向测序。利用 DNAStar 和 BLAST 分析确定多态性位点。利用生物信息学软件分析 SNPs 位点对 *STAT5b* 基因 RNA 二级结构、STAT5b 蛋白二级及三级结构的影响，结果表明，在扩增的 *STAT5b* 基因中筛选到 6 个 SNPs：exon5 - G12A、exon8 - G56A、exon8 - C104T、intron2 - A3164C、intron4 - C1026T 和 intron5 - T3323C。其中，exon8 - G56A 为错义突变，导致编码的谷氨酸（Glu）变为赖氨酸（Lys）；exon5 - G12A 和 exon8 - C104T 多态位点均未改变氨基酸的编码，为同义突变；intron2 - A3164C、intron4 - C1026T 和 intron5 - T3323C 均在内含子区，不参与氨基酸编码。

试验中，贵乾半细毛羊 60 个血样采自贵州省毕节市威宁县威宁种羊场。采用血液 DNA 抽提试剂盒提取贵乾半细毛羊血样 DNA 并通过电泳检验绵羊血样 DNA 的提取效果，利用紫外分光光度计检测 DNA 浓度，并将浓度分别

调整到100ng/μL，将DNA样品每个各取5μL混合，构建两个DNA池。

在NCBI数据库中查找绵羊*STAT5b*基因的DNA序列（GenBank登录号：NC_019468.1），通过NCBI在线软件Primer-BLAST设计4对特异性引物。最适退火温度62.7℃。PCR反应体系为30μL：2×*Taq* PCR Master Mix试剂15μL，DNA3μL，上、下游引物各2.25μL，双蒸水7.5μL。PCR扩增条件：94℃预变性5min；95℃变性30s，62.7℃退火30s，72℃延伸30s，35个循环，循环结束后72℃终止延伸10min，4℃保存。将扩增的PCR产物利用1%的琼脂糖凝胶电泳检测，运用凝胶成像仪拍照，观察PCR扩增效果（表5-11）。

由北京诺萨基因公司对PCR产物纯化后进行双向测序，运用DNAStar软件对测序结果进行校正对比，通过BLAST软件分析确定SNPs。

采用MWSnap软件测量等位基因对应的峰高，估算等位基因频率。通过在线软件对RNA的二级结构、蛋白质的二级结构、蛋白质的三级结构进行预测。

表5-11　退火温度、目的片段长度及引物序列

引物	退火温度/℃	目的片段长度/bp	上游引物序列（5′→3′）	下游引物序列（5′→3′）
E3	62.7	802	GCACCAGAGCGAGTCAGTAG	ATGCACACAACTTTCGAGCG
E5	62.7	615	GTCTCCTGCGTGTAGGTCAG	CCCTTCCAAAGCCTCAACCT
E6	62.7	963	TTCAGACCAGACATGGTGGC	AGCGTCAGCATCAAACCAGA
E7	62.7	608	GACTGGTTTGATGCTGACGC	AGGGTGTGAGGCAGAAACTG

结果表明，通过设计合成的4对特异性引物E3、E5、E6、E7，运用PCR技术扩增出贵乾半细毛羊的*STAT 5b*基因的部分序列。将扩增产物常规纯化，然后进行双向测序，测序工作由北京诺赛基因公司完成。利用BLAST软件分析测序结果，共发现6个SNPs，以各个外显子第1位碱基数分别为1，SNPs分别为：exon5-G12A、exon8-G56A、exon8-C104T、intron2-A3164C、intron4-C1026T和intron5-T3323C。

对错义突变位点exon8-G56A进行突变前和突变后*STAT5b*基因的RNA二级结构进行预测，通过预测结果可以看出，突变前后RNA的二级结构变化十分明显，而且突变引起RNA二级结构的自由能发生变化，由-618.5kcal*/mol变为-620.3kcal/mol。RNA的二级结构及自由能的变化可能会使其稳定性受到影响，进一步影响蛋白质的翻译过程。

* 卡（cal）为非法定计量单位。1cal≈4.185J。——编者注

通过在线软件分析预测贵乾半细毛羊 STAT5b 蛋白质二级结构突变前后的变化，结果表明，β转角、α螺旋、自由卷曲和延伸链在突变前后均无变化。利用蛋白质二级结构的在线预测软件对 STAT5b 蛋白突变前后的二级结构进行分析，结果表明，突变后多态位点导致 STAT5b 蛋白二级结构有所改变（表 5-12、表 5-13）。

表 5-12　等位基因频率估算

突变位点	等位基因频率	
	突变前	突变后
exon5-G12A	0.814 8	0.185 2
exon8-G56A	0.857 1	0.142 9
exon8-C104T	0.906 2	0.093 8
intron2-A3164C	0.866 7	0.133 3
intron4-C1026T	0.777 8	0.222 2
intron5-T3323C	0.636 4	0.363 6

表 5-13　蛋白质突变前后二级结构分析结果

	β转角/%	α螺旋/%	自由卷曲/%	延伸链/%
突变前	6.61（52）	50.32（396）	28.72（226）	14.36（113）
突变后	6.61（52）	50.32（396）	28.72（226）	14.36（113）

第六章　贵乾半细毛羊的主要疾病防控

贵乾半细毛羊从育种之初，乃至整个育种过程中，都非常重视羊群的疾病防控工作。根据多年来疫情发生、发展规律，结合育种试验场的地理特点，制定了相关的疫病防控规程，基本控制或消灭了贵乾半细毛羊的传染性疾病。在疫病防控过程中，育种试验场始终贯彻“预防为主，养防结合，检免结合，防重于治”的方针，坚决贯彻《动物检疫法》等相关法律法规，控制了有关疫病的发生和蔓延，如半细毛羊炭疽、布鲁菌病、羊梭菌性疾病、羔羊口膜炎、羊痘等的流行和发生。

第一节　疫病防控措施

一、疫病的综合防控

贵乾半细毛羊饲养的方式是以种羊场、农户半舍饲为主，生产分散，其防疫基础薄弱，疫病种类多，蔓延范围广，老的疫病未得到有效控制，新的疫病又不断出现，不仅影响半细毛羊养殖业健康发展，造成巨大经济损失，而且直接危及人民身体健康。所以，必须大力加强半细毛羊疫病的预防工作。对于半细毛羊疫病，只要通过控制传染病来源，切断传播途径和增强半细毛羊的免疫力 3 个方面进行综合防治，就能取得良好的成效。

（一）控制传染源

1. 防止外来疫病的侵入　有条件的地方应坚持“自繁自养”，以减少疫病的传入。必须引入羊时，无论从国内还是从国外引进，只能从非疫区购买，不购买无检疫证明的羊。新购入的羊只需要先隔离饲养，观察 1 个月后，确认健康后方可混群饲养。养殖场均应设围墙和防护沟，门口设置消毒池，严禁非生产人员、车辆入内。要及时了解疫情，健康羊不到疫区周围放牧，当外周地区发生疫病时，要做好消毒工作，杜绝外来疫病侵入。

2. 严格执行检疫制度　加强羊群检疫工作，注意查明、控制和消灭传染源。对有些传染病，如结核病、布鲁菌病应定期进行检疫。对所查出的病羊或可疑羊，根据情况及时进行隔离、治疗或扑杀。

3. 及时汇报疫情 一旦发生传染病，要向有关部门报告疫情，并立即隔离病羊、可疑羊，派专人饲养管理，固定用具，并加强消毒工作，防止疫病蔓延。

（二）切断传播途径

（1）做好日常环境卫生消毒工作，对粪便、污水进行无害化处理；定期杀虫、灭鼠；对不明死因的羊只严禁随意剥皮吃肉或丢弃，应采用焚烧、深埋或高温消毒等方式处理，以切断传播途径。

（2）一旦发生传染病，要根据不同种类传染病的传播媒介，采取相应的防治对策。当发生经消化道传染的疫病时，主要是停止使用污染草料、饮水、牧场及饲养管理用具，禁止病羊与健康羊共同使用一个水源、牧场或同槽饲养。当发生呼吸道传染的疫病时，应单独饲养，并注意栏舍的通风干燥，将羊群划分为小群，防止接触。当发生吸血昆虫传染病时，主要防止吸血昆虫叮咬健康羊。当发生经创伤感染的传染病时，主要防止羊只发生创伤，有外伤时应及时治疗。对寄生虫病，应尽量避免中间宿主与羊只接触，消灭中间宿主。另外，应加强环境卫生管理，对病羊的排泄物、尸体等所有可能传播病原的物质进行严格处理。

（三）增强半细毛羊的免疫力

1. 加强饲养管理工作 经常检查羊只的营养状况，要适时进行重点补饲，防止营养物质缺乏，尤其是妊娠、哺乳母羊和育成羊。严禁饲喂霉变饲料、毒草和农药喷过不久的牧草。禁止羊只饮用死水或污水，以减少病原微生物和寄生虫的侵袭。羊舍要保持干燥、清洁、通风等。

2. 进行免疫接种 根据本地区常发生传染病的种类及当前疫病流行情况，制订切实可行的免疫程序。按免疫程序进行预防接种，使羊只从出生到淘汰都可获得特异性抵抗力，降低对疫病的易感性。

3. 紧急免疫 当易感羊处于传染威胁的情况时，除了改善饲养管理，提高机体抗病能力外，还要用疫苗或血清进行紧急预防注射，提高免疫力。

二、免疫接种

免疫接种是激发羊体产生特异性抵抗力，使易感羊转为不易感羊的一种手段，是预防半细毛羊传染病的重要措施之一。

（一）预防接种

预防接种是在健康羊群中还未发生传染病之前，为了防止某种传染病的发生，定期有计划地给健康羊进行的免疫接种。预防接种通常采用疫苗、菌苗、类毒素等生物制品，使羊产生自动免疫，根据所用生物制品种类的不同，采用皮下、皮内、肌内注射，或饮水、喷雾等不同的接种方法。接种后经一定时间（数天或2周、3周），可获得数月至1年以上的免疫力。为了使预防接种有的放矢，要弄清楚本地区传染病的种类、发生季节、疫病流行规律，制订出相应的防疫计划，适时、定期进行预防接种，这样才能取得预期的效果。

（二）紧急接种

紧急接种是为了迅速扑灭疫病的流行而对尚未发病的羊只进行的临时性免疫接种，一般用于疫区周围的受威胁区，形成一个免疫带，把疫情控制在疫区内。有些产生免疫力快、安全性能好的疫苗，也可用于疫区内受传染威胁还未发病的健康羊。在疫区内使用疫苗进行紧急接种，要对受传染威胁羊逐只仔细检查，仅能对正常无病的羊进行免疫接种，有些外表正常无病的羊中可能混有少量潜伏感染羊，后者接种疫苗后不能获得保护，反而会促使其更快发病。因此，在紧急接种后一段时间内可能发病羊数有所增加，但对多数羊来说很快产生免疫力，发病数量不久即可下降，最终使流行很快停止。

（三）免疫接种的注意事项

（1）接种免疫前，必须检查羊只的健康状况。凡身体瘦弱、体温升高的羊，临近分娩或分娩不久的母羊，患病或有传染病流行时，一般都不要注射疫苗。

（2）疫苗在使用前，要逐瓶检查。发现盛药的玻璃瓶破损、瓶塞松动、没有瓶签或瓶签不清、过期失效、制品的色泽和形状与制品说明不符或没有按规定方法保存的，都不能使用。

（3）接种时，注射器械和针头事先要严格消毒，吸取疫苗的针头要固定，做到一针一只，以避免从带菌（毒）羊把病原体通过针头传给健康羊。疫苗的用法、用量，按该制品的说明书执行，使用前充分摇匀，开封后当天用完，隔夜不能再用。

（4）疫苗必须根据其性质妥善保管。油苗、死菌苗、类毒素、血清及诊断液要保存在低温、干燥、避光处，温度维持在2～8℃，防止冻结、高温和阳光直射。冻干弱毒疫苗最好在－15℃或更低的温度下保存，才能更好地保持其效力。在不同温度下保存的期限，不得超过该制品所规定的有效保存期。

（5）接种疫苗后，在反应期内应注意观察，若羊出现体温升高、不吃、精神委顿或表现有某些传染病的症状时，必须立即隔离进行治疗。

（四）常用疫苗及使用方法（表6-1）

表6-1　常用疫苗及使用方法

疫苗名称	预防的疫病	接种方法和说明
无毒炭疽芽孢苗	炭疽	半细毛羊皮下注射0.5mL，注射后14d产生坚强的免疫力
第Ⅱ号炭疽菌苗	炭疽	半细毛羊不论大小皮下注射1.0mL，注射后14d产生免疫力
布鲁菌猪型2号菌苗	布鲁菌	半细毛羊臀部肌内注射1.0mL（含菌50亿个）。阳性羊、3个月以下的羔羊和妊娠羊均不能注射。饮水免疫时，用量按每只羊口服200亿菌体计算，2d内分2次饮服
布鲁菌羊型5号菌苗	布鲁菌	羊群室内气雾免疫，用量为50亿菌/m³，喷雾后停留30min
羊链球菌氢氧化铝苗	羊链球菌	半细毛羊不论年龄大小，均皮下注射5.0mL
羊链球菌弱毒菌苗		成年半细毛羊尾根部皮下注射1.0mL（50万～100万活菌），半岁至2岁羊减半
羔羊大肠杆菌灭活苗	羔羊大肠杆菌病	皮下注射，3个月至1岁羊2.0mL，3个月以下0.5～1.0mL。注射后14d产生免疫力
羔羊痢疾菌苗	羔羊痢疾	妊娠羊分娩前20～30d皮下注射2.0mL，10～320d后皮下注射3.0mL，第2次注射后10d产生免疫力
黑疫、快疫二联苗	黑疫和快疫	半细毛羊不论年龄大小，均皮下注射3.0mL，注射后14d产生免疫力
羊猝狙、快疫、肠毒血症三联苗	羊猝狙、瘟疫和肠毒血症	半细毛羊不论年龄大小，均肌内注射5.0mL，注射后14d产生免疫力
羊厌气菌氢氧化铝甲醛五联菌苗	羊快疫、羔羊痢疾、羊猝狙、肠毒血症和黑疫	半细毛羊不论年龄大小，均皮下注射或肌内注射5.0mL，注射后14d产生免疫力
羊肺炎支原体氢氧化铝灭活苗	由绵羊肺炎支原体引起的传染性胸膜炎	成年半细毛羊颈部皮下注射3.0mL，6个月以下注射2.0mL
绵羊痘鸡胚化弱毒苗	绵羊痘	按瓶签上疫苗量，用生理盐水稀释，不论羊只大小，均皮下注射0.5mL，注射后6d产生免疫力
羊衣原体油剂灭活苗	衣原体流产病	半细毛羊皮下注射3.0mL

（续）

疫苗名称	预防的疫病	接种方法和说明
A 型、O 型鼠化弱毒疫苗	口蹄疫	肌内注射或皮下注射，2～12 月龄羊 0.5mL，12 月龄以上 1.0mL
破伤风类毒素	破伤风	半细毛羊皮下注射 0.5mL，一年后再注射 1.0mL，免疫期 4 年

三、药物预防

用药物对隐性感染动物进行群体预防，是防治某些疫病的有效手段。羊群除了用药物驱虫、药浴外，还要用安全而价廉的抗菌药物加入饲料或饮水中进行群体防治，常用的药物有磺胺类药物和硝基呋喃类药物（磺胺类，预防量 0.1%～0.2%，治疗量 0.03%～0.04%）。但必须注意，羊口服土霉素等抗生素后常能引起肠炎等中毒反应。实践中，除了羔羊患病可通过口服抗生素进行治疗外，青年羊或成年羊慎用抗生素。半细毛羊可用化学药品定期进行驱虫和药浴，能预防和治疗羊群中某些寄生虫病和疥螨病。每年根据当地寄生虫病流行情况，应在春、秋两季选用噻咪唑等广谱驱虫药各驱虫 1 次；可视情况适当增加驱虫次数，驱虫后 10d 的粪便应统一收集，进行无害化处理，以杀死虫卵和幼虫。对于大多数蠕虫而言，秋季、冬季驱虫是最为重要的，首先，秋季、冬季是羊只体质较弱的时节，及时驱虫有利于保护羊只的健康；其次，秋季、冬季不适合虫卵和幼虫发育，同时可以大大降低虫卵对环境的污染。另外，每年的春季、秋季将羊集中统一用 0.1%～0.2%杀虫剂或 0.025%～0.05%双甲脒进行药浴可起到治疗体外寄生虫的作用。

四、环境消毒

（一）消毒

消毒的目的是消除或杀灭外界环境中物体上和羊体表的病原微生物。它是通过切断传播途径预防传染病发生和传播的一项重要防疫措施。在生物发病前，为预防传染病的发生，应对羊舍、用具等进行定期消毒（即预防性消毒）；在发生疫病期间，为消灭病羊排出的病原体，应对病羊舍、粪便及污染的用具等物体随时消毒。当全部病羊痊愈或死亡后，应对患病羊接触过的一切器物、羊舍、场所以及痊愈羊的体表，进行一次全面彻底消毒（即终末消毒）。

1. 用具的消毒

（1）煮沸。注射器、针头、金属器械、玻璃器皿、衣物织品、木质器具等，都可用煮沸消毒。煮沸 30min，可以杀灭一般的病原微生物，但消毒芽孢类的病原微生物，如炭疽杆菌污染的物品，则必须煮沸 2h 以上，或在水中加入 2.5%石炭酸煮沸 15min。金属器械煮沸消毒时，于水中加入 1%碳酸钠，既可防锈，又能提高消毒效果。

（2）蒸汽。一切耐热耐湿的物品用具，都可用蒸汽消毒。使用蒸笼，待水煮开后蒸 30min 可杀死一般细菌。

2. 羊舍的消毒 关闭羊舍门窗，可先用消毒液喷洒地面（以免打扫时病原体飞扬），再彻底打扫（扫除的污物按粪便消毒处理）；然后用消毒液均匀喷洒天棚、墙壁、饲槽、地面。常用的消毒液为：10%～20%石灰乳、5%～20%漂白粉溶液、2%～4%氢氧化钠溶液、20%草木灰水、2%～4%甲醛等。在有条件的地方，必要时也可用甲醛熏蒸消毒法（参照皮革、羊毛消毒）。

3. 土壤的消毒 对羊舍等病羊停留过的场所的土壤，应铲除表土，清除粪便和垃圾，堆积后通过生物热消毒（方法见粪便消毒）或进行焚烧（被炭疽、气肿疽等芽孢类病原体污染的）。小面积的土壤消毒，可用 2%～4%氢氧化钠溶液、10%～20%漂白粉溶液、10%～20%石灰乳等。

4. 粪便的消毒 利用粪便自身发酵产生的热来杀灭无芽孢病菌、病毒及寄生虫卵等，处理后的粪便还可以作肥料用，根据粪便的多少挖一粪便发酵池，将每天清除的粪便、垫草等污物倒入；堆积要疏松，装满时，铺上一层健康家畜的粪便或干草，再加上一层泥土封好，经 3 个月，就可作肥料使用。

5. 水的消毒 可通过煮沸、过滤或用漂白粉处理。每立方米水漂白粉（含 25%活性氯）用量：清水加入 6g，稍混浊的水加入 8g，混浊的水加入 10g。

第二节 主要传染性疾病

一、羊痘

羊痘是家畜痘病中危害最严重的一种热性接触性传染病，由痘病毒属的绵羊痘病毒引起，以在皮肤和黏膜上发生特异性痘疹为特征。可见到典型的斑疹、丘疹、水疱、脓疱和结痂等病理过程。其传播快，流行广泛，发病率高，引起妊娠母羊流产，常造成严重的经济损失。我国定为二类动物疾病。本病潜伏期 6～8d，临床上可分为典型和非典型经过。

本病呈群发性和流行性经过，症状十分明显，故可根据流行病学、临床症状、发病过程即可确诊。对非典型经过的病羊，为了确诊可采用疱疹组织涂片，送兽医检验部门检验。如在涂片的细胞质内发现大量深褐色球菌样圆形原生小体，便可确认为绵羊痘。

（一）主要预防措施

（1）半细毛羊得病或人工感染后，均能产生坚强的免疫力。在羊痘常发地区，每年应定期预防注射。3月龄内的哺乳羔羊在断奶后，应加强免疫1次。绵羊痘细胞苗不用于山羊。山羊痘细胞苗对绵羊有保护作用。

（2）平时加强饲养管理，保持圈舍干燥清洁，抓好秋膘，冬春季适当补饲，做好防寒过冬工作。

（3）不从疫区引进羊只和畜产品，如必须引进，则需要进行隔离观察、检疫。

（4）每天注意检查羊群，及时发现病羊，进行必要的隔离、封锁和消毒，粪便进行无害化处理。

（二）主要治疗措施

（1）发生羊痘时，应立即将病羊隔离，同时对疫群中未发病的羊只及周围的羊群进行疫苗紧急接种，病羊由专人护理，给予软饲料，饮清洁水，为防止口腔黏膜继发感染，促进糜烂处愈合，可用1%醋酸液、2%硼酸液或1%来苏儿液冲洗。

（2）有溃疡时，用1%硫酸钠溶液、1%明矾溶液或0.1%高锰酸钾溶液冲洗，随后可涂抹甘油或紫药水。为防止继发感染，可适当应用抗生素和磺胺药物，根据病情需要还可进行对症治疗。

（3）对经济价值较高的种羊，早期可应用免疫血清进行治疗。预防剂量为成年羊5～10mL，羔羊2.5～5mL。治疗剂量为成年羊40～80mL，羔羊20～40mL。均皮下注射。

二、口蹄疫

口蹄疫是由口蹄疫病毒引起的一种急性、热性、高度接触性传染病，主要侵害偶蹄兽。半细毛羊感染率较低，其临床症状是口腔黏膜、蹄部和乳房皮肤发生水疱和溃烂。主要预防措施：

（1）无本病的地区不要从有病地区（国家）引进动物及其产品、饲料等，严格按照国家有关规定进行检疫。

（2）口蹄疫常发生地区、极有可能发生地区，应给羊注射与本地区流行的同型口蹄疫疫苗，用康复血清或免疫血清对疫区和受威胁区的羊继续注射，可以控制疫情和保护羔羊。

（3）严格控制疫情，当疫情发生后，要严格执行封锁、隔离消毒、紧急预防接种、治疗等综合防治措施，并报告有关主管部门。

（4）加强羊群的防护消毒，可用2%氢氧化钠对羊舍、用具消毒。病羊粪便、残余饲料及垫草应烧毁，或运至指定地点堆积发酵。

本病无特效药。

三、羊快疫

羊快疫是由腐败梭菌引起的一种急性传染病。其特征是发病突然，病程短促，胃黏膜呈出血性、坏死性炎，多急性死亡。主要预防措施：

（1）加强平时的防疫措施。

（2）尽量避免人为地改变环境条件，减少发病诱因，加强饲养管理，避免羊只采食冰冻饲料。

（3）在该病常发地区应每年定期接种羊三联苗或羊五联苗，皮下注射5mL，注射后2周产生免疫力，免疫期6个月以上。

（4）当本病发生严重时，可考虑转移牧场。对病羊应紧急隔离处理，彻底清扫羊圈，并用2%～4%氢氧化钠热水溶液或20%石灰乳反复消毒3～5次。同时，投服抗生素、磺胺类药物和肠道抗菌消炎药物，病羊采取其他对症疗法。

由于本病病程极短，往往来不及救治。病程稍拖长者，可肌内注射青霉素，每次80万～100万IU，1d2次，连用2～3d；内服磺胺药物，1次5～6g，连服3～4次。必要时可静脉滴注10%安钠咖（10mL）和5%～10%葡萄糖（500～1 000mL）。

四、羊肠毒血症

该病是一种急性经过散发性传染病。死后肾组织软化，故又称“软肾病”。临床症状类似快疫，又称类快疫。主要预防措施：

（1）在常发地区，应定期免疫接种羊三联苗或四联苗，发病羊群可用上述疫苗进行紧急接种。

（2）合理饲养管理，保持环境卫生，限制给羊饲喂高浓度精饲料。尽量避免调换饲料，必须调换时要逐渐变换。在收菜季节少喂菜根、菜叶等多汁饲料。天气突然变冷时，羊舍应铺褥草保暖。

（3）为防止该病发生，可在日粮中适量加入磺胺脒。

由于该病病程急，往往来不及救治即死亡。刚发病症状较轻的羊可注射青霉素80万IU，以后每隔4h注射1次，并结合对症治疗，能治愈部分羊只。

五、羊黑疫

羊黑疫又名传染性坏死性肝炎，是由B型诺维氏梭菌引起的绵羊和山羊的一种急性高度致死性毒血症。特征为突然死亡，肝实质的凝固性坏死性炎症，皮肤暗红色。主要预防措施：

(1) 做好肝片吸虫的驱治工作，在春夏季节避免到低洼潮湿处放牧。

(2) 在春秋两季进行特异性免疫，常发病地区定期接种羊快疫、肠毒血症、黑疫、羊猝狙、羔羊痢疾五联苗。

(3) 病羊用青霉素或抗诺维氏梭菌抗菌血清治疗，尸体合理处理，严防芽孢散播。

本病发生、流行时，将羊群移牧于高燥地区。可用诺维氏梭菌血清进行早期预防，必要时重复1次。病程稍缓的羊，肌内注射青霉素80万～160万IU，每天2次，连用3d。

羊黑疫与羊快疫、肠毒血症、羊炭疽等类似疫病应注意进行鉴别诊断（表6-2）。

表6-2　羊黑疫与羊快疫、肠毒血症、羊炭疽的鉴别要点

鉴别要点	羊快疫	肠毒血症	羊黑疫	羊炭疽
病原菌	腐败梭菌	D型产气荚膜梭菌	B型诺维氏梭菌	炭疽杆菌
发病年龄	6～18月龄	2～12月龄	成年羊	成年羊多发
营养状况	膘情好者多发	膘情好者多发	膘情好者多发	膘情差者多发
发病季节	秋冬和早春	牧区春夏之交和秋季，农区夏秋收	春、夏、秋	秋
发病诱因	阴洼潮湿地，天气突变，连阴雨，吃了冰冻草料	吃了过多谷类或青绿多汁和富含蛋白质的草料	阴洼潮湿地多发，和肝片吸虫感染有关	气温高、雨水多，吸血昆虫活跃
体温	多升高	一般正常	多升高	升高
病理变化	皱胃弥漫性、斑块状出血，黏膜脱落，肝有坏死灶	糖尿（2%～6%），小肠出血严重，胸腺出血，死亡后多见肾软化	肝有1个或多个2～3cm坏死灶	皱胃有点状出血，小肠出血严重，急性脾大
涂片镜检	肝被膜触片见有丝状菌	血和脏器一般不见菌	肝坏死灶涂片见有粗大杆菌	血液和脏器涂片可见典型的炭疽杆菌

六、羔羊痢疾

羔羊痢疾是由B型产气荚膜梭菌引起的初生羔羊的一种急性毒血症。其特征为病程短促、神经症状、剧烈腹泻、小肠溃疡和死亡率高。

（一）主要预防措施

(1) 在常发地区，应每年定期注射羔羊痢疾疫苗或羊四联苗。

（2）平时抓好母羊的饲养管理，抓膘保膘，使所产羔羊体格健壮，抗病力增强。

（3）抓好平时的消毒工作，对母羊的乳房、饲养用具、饲养人员自身应彻底消毒，以防病原通过消化道传播本病。一旦发生疫病，应及时隔离并对症治疗。

（4）合理哺乳，避免羔羊饥饱不均，并注意羔羊的冬季保暖工作。

（5）羔羊初生后 12h 内，灌服土霉素 0.15～0.2g，每天 1 次，连服 3d，有一定的预防效果。

（二）主要治疗措施

治疗羔羊痢疾的方法很多，可根据具体情况选择如下：

（1）先灌服 6%的硫酸镁（内含 0.5%福尔马林）20～30mL，6～8d 后再灌服 0.5%高锰酸钾 20～30mL，第 2 天重复灌服高锰酸钾。

（2）先灌服硫酸镁后，再灌服磺胺脒 1g，鞣酸蛋白 0.3g，碱式硝酸铋 0.2g，碳酸氢钠 0.2g 或再加呋喃唑酮 0.1～0.2g，每天 2～3 次。

（3）土霉素 0.2～0.3g，胃蛋白酶 0.2～0.3g，加水灌服，每天 2 次。

（4）呋喃西林 0.5g，磺胺脒 2.5g，碱式硝酸铋 6.0g 加水 100mL 混合，羔羊每次灌服 4～5mL，每天 3 次。

（5）可用羔羊痢疾高免血清进行治疗，肌内注射 0.5～1.0mL。

（6）采取强心补液、解毒、止痛、调理胃肠等对症疗法。

七、羔羊大肠杆菌病

羔羊大肠杆菌病是由多种血清型的致病性大肠杆菌引起的羔羊的传染病。临床上表现为严重腹泻、败血症。主要预防措施：

（1）加强对母羊产前后的饲养管理，使其营养、维生素、蛋白质等配比平衡，以增强母羊的体质和抵抗力。

（2）羔羊及时吮吸到初乳，减少其他不良因素的影响，断奶期饲料不要突然改变。

（3）注意保持羊舍干燥和卫生，减少病原菌感染。注意天气突变，及时增加保温设施。

（4）应用我国研制的福尔马林大肠杆菌菌苗，有良好的预防效果。

治疗原则为抗菌、补液、调整胃肠功能。土霉素按每千克体重 20～50mg，分 2～3 次口服；20%磺胺嘧啶钠，肌内注射 5～10mL，每天 2 次。也可使用微生态制剂，如促菌生等，按说明拌料或口服，使用此制剂时，不能与抗菌药物同用。新生羔羊再加胃蛋白酶 0.2～0.3g。对心脏衰弱的病羔，皮下注射 20%安纳咖 0.5～1.0mL；对脱水严重的病羔，静脉注射 5%葡萄糖盐水

20～100mL；对有兴奋症状的病羔，用水合氯醛0.1～0.1g加水灌服。

八、羔羊传染性口膜炎

本病又称传染性脓疱性皮炎，俗称口疮，是由传染性脓疱病毒引起的一种急性接触性的人兽共患病，危害羔羊。以在口唇等处皮肤和黏膜形成丘疹、脓疱、溃疡和结成疣状厚痂为特征。可引起羔羊死亡，或病后生长发育受阻、羊毛变短，对养羊业危害较大。主要预防措施：

（1）在本病流行地区，可使用羊口疮弱毒苗进行免疫接种。

（2）注意防止羊黏膜和皮肤发生损伤。

（3）不从有本病的疫区购入羊只及其产品。

（4）加强饲养管理，严格执行兽医卫生制度。

（5）发病时，做好污染环境的消毒处理工作，特别是饲养用具、病羊体表和蹄部的消毒，对病羊进行隔离治疗。

本病无特效药。对唇型和外阴型病羊，用0.1%～0.2%高锰酸钾冲洗创面，再涂以2%龙胆紫、碘甘油、5%土霉素软膏或青霉素软膏，每天1～2次。对蹄型病羊，可将病蹄浸泡在福尔马林中1min，每周1次，连续3次；或用3%龙胆紫、1%苦味酸、1%硫酸锌酒精溶液重复涂擦。为防止继发感染，可注射抗生素或内服磺胺类药物。用维生素C、维生素B_2也可获满意效果。

九、布鲁菌病

布鲁菌病是由布鲁菌引起的人兽共患慢性传染病，也是一种自然疫源性疾病。主要侵害绵羊生殖系统，造成以流产、不孕、睾丸炎、关节炎为主要特征的疾病，为我国二类动物疫病。主要预防措施：

（1）最好的方法是自繁自养，如需要引入羊，则必须严格检疫。

（2）定期进行本病血清学检查，对阳性羊只扑杀淘汰。

（3）对疫区定期进行预防接种。

一般对病羊淘汰，不做治疗。对价格高的羔羊，可在隔离条件下治疗，用0.1%高锰酸钾溶液冲洗母羊阴道和子宫，必要时用磺胺类药和抗生素治疗。

十、羊破伤风

破伤风是人兽共患的一种急性、创伤性、中毒性传染病，其特征是患病动物全身肌肉发生强直性痉挛，对外界刺激的反射兴奋性增强。主要预防措施：

（1）在多发病地区，每年定期给羊免疫注射精制破伤风类毒素，每只羊皮下注射1mL，幼羊减半。

（2）在羊发生外伤时立即用碘酊消毒，去角、去势羊或处理羔羊脐带时，也要进行消毒。

治疗时可将病羊置于光线较暗的安静处，给予易消化的饲料、充足的饮水。彻底消除伤口内的坏死组织，用3%过氧化氢、1%高锰酸钾或5%～10%碘酊进行消毒处理。病初应用破伤风抗毒素5万～10万IU肌内注射或静脉注射，以中和毒素；为了缓解肌肉痉挛，可用氯丙嗪（每千克体重2mg）或25%硫酸镁注射10～20mL肌内注射，并配合应用5%碳酸氢钠100mL静脉注射。对长期不能采食的病羊，还应每天补糖、补液，当病羊牙关紧闭时，可用3%普鲁卡因5mL和0.1%肾上腺素0.3～0.6mL，混合注入咬肌。中药用防风散或千金散，根据病情加减。

十一、羊链球菌病

羊链球菌病俗称嗓喉病，是由猪链球菌引起的一种急性、热性、败血性传染病。其特征为颌下淋巴结和咽喉肿胀，胆囊肿大，各脏器出血，大叶性肺炎，呼吸异常困难。主要预防措施：

（1）认真做好抓膘、保膘工作，修缮棚圈，以抵御风雪等自然灾害的袭击，避免拥挤，改善草场条件。

（2）不从疫区购入羊只及其产品。

（3）本病常发区，定期进行疫苗免疫注射。

（4）定期保持棚圈、运动场、羊舍、用具等清洁卫生，定期做好消毒工作，坚决执行兽医卫生制度。

可用青霉素治疗，每次80万～160万IU，肌内注射，每天2次，连用2～3d；也可口服10%磺胺嘧啶，每次5～6g（羔羊减半），用药1～3次。

十二、巴氏杆菌病

绵羊巴氏杆菌病是一种急性、热性传染病。临床上主要表现为发热、肺炎、急性胃肠炎及内脏器官广泛出血。主要预防措施：

（1）平时加强饲养管理，增强机体抵抗力，对诱发本病的因素，应尽力避免或设法得到改善，保持圈舍干燥。

（2）多发地区可进行疫苗接种预防。

（3）在发病地区，应对病羊进行隔离治疗，对其活动场所、用具等进行彻底消毒。对病尸进行无害化处理。

青霉素、链霉素、磺胺类药，广谱抗生素等药物对本菌都有一定疗效，可选择使用。用量，每千克体重，庆大霉素1 000～1 500IU，四环素5～10mg，20%磺胺嘧啶钠5～10mL，均肌内注射，每天2次；或用复方磺胺嘧啶，口服，每次每千克体重 25～30mg，每天 2 次，直到体温下降、食欲恢复为止。

第三节 主要寄生虫病

一、羊螨病

羊螨病是由疥螨和痒螨寄生在体表而引起的慢性接触性传染性皮肤病。该病又称疥癣、疥疮等，往往在短时间内可引起羊群严重感染，危害严重。临床上主要表现为剧痛、皮炎、脱毛和消瘦，严重时甚至可以引起死亡。

（一）主要预防措施

（1）注意羊舍卫生、通风、干燥，不要使羊群过于密集。

（2）应选无风、晴朗的天气定期进行药浴。半细毛羊一般在剪毛后 1～2 周进行药浴，药浴时间应保证在 1min 以上，且头部要压于药液中 2～3 次。

（3）对发病羊只进行隔离治疗。对新引进的羊只隔离观察 2 周以上，在确认没有疾病的情况下，方可混群。

（4）对病羊用的厩舍、工具及接触过病羊的工作服等都要进行彻底清洗消毒。

（5）有条件的牧场，要实行轮牧。

（二）治疗措施

在治疗时，为使药物有效地杀死虫体，应在涂擦药前剪去患部周围羊毛，彻底清洗并除去垢痂及污物。药浴前让羊饮足水，以免误饮药物。药浴时药液温度不应低于 30℃，药浴时间应维持 1min 左右。为此，工作人员要注意自身安全防护。若大规模药浴最好选择半细毛羊剪毛数天后进行，且应对选用药物先做小群安全试验。大部分药物对螨的虫卵无杀灭作用，治疗时必须重复用药 2～3 次，每次间隔 5d，方能杀死新孵出来的螨虫，达到彻底治愈的目的。

1. 局部治疗

（1）可用 1%敌百虫液或石硫合剂（生石灰 1 份、硫黄粉 1.6 份、水 20 份，混合均匀，煮 2h，待煮成橙红色，取上清液）洗刷患部，也可用灭疥灵（林旦乳膏）涂于患部。

（2）滴滴涕乳剂。第 1 液（滴滴涕 1 份加煤油 9 份）、第 2 液（来苏儿 1 份加水 19 份），用时将两液混合均匀，涂擦患部。

（3）克辽林擦剂。克辽林 1 份，软肥皂 1 份，酒精 8 份，调和即成，涂擦患部。

（4）阿维菌素或伊维菌素，按每千克体重 0.2mg，皮下注射。

（5）可用 0.5%螨净（二嗪农）、0.5%～1%敌百虫水溶液、0.05%双甲脒溶液进行喷洒。

2. 药浴治疗

（1）溴氰菊酯。是一种新型药浴药物。使用时，在1kg水中加入1mL溴氰菊酯即可。药浴过程中需要补充新药液，比例为1kg水加入1.6mL溴氰菊酯。此药宜现用现配，加水稀释后不可久置，以免影响药效。

（2）螨净（二嗪农）。是一种新型药浴药物，具有高效广谱、作用期长、毒性低、无公害的特点。使用剂量为1kg水加入药液1mL。

（3）可用0.05%双甲脒、0.25%螨净（二嗪农）、0.3%敌百虫、1%克辽林、2%来苏儿进行药浴。

二、羊片形吸虫病

羊片形吸虫病是由肝片吸虫和大片吸虫寄生于羊的肝胆管所引起的羊的寄生虫病。该病在全国各地均有不同程度的发生，呈地方性流行，能引起大批羊发病及死亡，并能危害其他反刍动物及猪和马属动物，人也可感染。

（一）主要预防措施

（1）羊片形吸虫病的传播者是病羊和带虫者。因此，驱虫不仅有治疗作用，也是积极的预防措施。我国可根据不同的地域，各自进行定期驱虫，最好每年进行3次定期预防性驱虫。第1次在大量虫体成熟之前20～30d进行；第2次在虫体部分成熟时进行；第3次在第2次之后2～2.5个月进行。

（2）尽可能选择地势高而干燥的地方作为牧场或建牧场。如果必须在低洼潮湿的地方放牧，应考虑有计划地分段使用牧场，以防羊只吞食囊蚴。可在湖沼池塘周围饲养鸭、鹅，消灭中间宿主椎实螺；药物灭杀椎实螺，常用5%硫酸铜溶液（加入10%盐酸更好），每平方米用量不少于5 000mL。也可用氯化钾，20～25g/m^3，每年1～2次。

（3）消灭中间宿主，灭螺是预防本病的重要措施。应大力兴修水利，改变螺蛳的生活条件，同时加以化学灭螺。

（4）加强饲养管理，选择干净、卫生的饮水和饲草。

（5）病羊的粪便应收集起来进行生物热杀虫（尤其是每次驱虫后），对病羊的肝和肠内容物应进行无害化处理。在有条件的地方，统一将粪便进行发酵处理。

（二）主要治疗措施

1. 碘醚柳胺 对成虫和6～12周龄未成熟的童虫都有效，剂量按每千克体重7.5mg，口服。

2. 双酰胺氧醚 对1～6周龄肝片吸虫幼虫有高效，但随虫龄增长，药效降低。用于治疗早期的病例，剂量按每千克体重100mg，口服。

3. 阿苯达唑 对驱除片形吸虫的成虫有良效，剂量按每千克体重5～

15mg，口服。

4. 五氯柳胺（氯羟杨苯胺）　驱成虫有高效，剂量按每千克体重 15mg，口服。

5. 硝氯酚（拜耳 6015）　驱成虫有高效，剂量按每千克体重 4～5mg，口服。

6. 溴酚磷（蛭得净）　驱童虫、成虫都有效，剂量按每千克体重 12mg，口服。

7. 硫溴酚（血防 846）　剂量按每千克体重 125mg，口服。

8. 硫氯酚　剂量按每千克体重 100mg，口服，其副作用是病羊可能出现不同程度的腹泻。

三、羊脑多头蚴病

羊脑多头蚴病又称脑棘球蚴病，是由多头绦虫的幼虫——脑多头蚴寄生于羊的脑部引起的一种寄生虫病。成虫在终宿主犬的小肠内寄生。幼虫寄生在羊等有蹄类动物的胸内，2 岁以下的半细毛羊易感。

（一）主要预防措施

（1）对牧羊犬进行定期驱虫，阻断成虫感染。

（2）禁止让犬吃到患本病的羊等动物的脑、脊髓等。

（3）彻底烧毁病羊的头颅、脊柱，或做无害化处理。

（4）用硫双二氯酚按每千克体重 1g 一次喂服，进行定期驱虫。

（二）主要治疗措施

急性型阶段尚无有效疗法，在后期可用手术法摘除泡囊。

1. 药物治疗

吡喹酮：每千克体重 50mg，连用 5d；或每千克体重 70mg，连用 3d。据报道，这样用药可取得 80％的疗效。

2. 手术治疗　根据囊体所在的部位施行外科手术，开口后，先用注射器吸出囊中液体，使囊体缩小，而后完整地摘除虫体。

（1）手术部位。

①依据旋转方向确定部位。部位就在旋转侧的一侧。向右侧转，寄生在右侧；向左侧转，寄生在左侧。术前反复观察，并向牧工询问。

②以视力判断部位。由于包虫压迫交叉视神经，使寄生对侧眼反射迟钝或失明，包虫就在眼反射迟钝或失明的对侧。

③结合听诊确定部位。固定病羊，头部剪毛后，用小听诊锤或镊子敲打两边脑颅骨疑似部位，若出现低实音或浊音者即为寄生部位，非寄生部位鼓音。因在包虫不断增大的情况下，寄生部脑实质和骨质之间的正常空隙完全被填充

而导致血管变细，故呈低实音或浊音。

④进行压诊确定部位。包虫寄生在脑实质后，不断增大，脑实质对骨质的长时间压迫，使头骨质萎缩软化，甚至骨质穿孔，用拇指按压，可摸到软化区，按压时病羊异常敏感，此处即为最佳手术点。

(2) 器械和药品。

①手术用的手术刀、止血钳、骨钻、镊子，并准备药棉、纱布、绷带、消炎粉、5%碘酊和75%酒精、5～10mL玻璃注射器和8～9号针头。

②场地选择和保定。选择干净避风干燥向阳的场地，或温暖、光线明亮的羊舍进行手术，以免污物对颅骨的污染，造成手术感染。施术时将病羊放倒侧卧，四肢用小绳捆绑固定，助手将羊头抬起保定，术者剪去局部被毛，洗去污物，用5%碘酊消毒。

(3) 摘除方法。

①术者将皮肤做"V"形切口，分离皮下结缔组织，用骨钻轻轻打开术部颅盖骨，用针头轻轻划破脑膜，细心分离，如包囊寄生较浅，此时脑实质鼓起，甚至看见豆粒大水泡，用镊子缓缓剥离脑实质，让包囊鼓起，以便摘除；若寄生比较深，用镊子由浅入深，反复缓慢分离脑实质，使包囊鼓起而摘除。尽量防止损伤血管和脑实质或弄破包囊而造成手术失败，若血管粗大，脑实质不向外鼓起，部位不准或包虫在深部，要首先接好玻璃注射器（8～9号针）探查回抽液体，寻找包虫位置，以确定包囊寄生部位、深度，以便达到摘除的目的。

②包囊摘除后，要求助手将头部伤口转下固定，术者用镊子或棉球将包囊孔中的剩余包囊液或渗出液引流干净，然后整复脑实质和脑膜，用一块棉花堵塞骨小孔，在周围撒少量消炎粉，取出棉花，缝合皮肤，消毒包扎。在"V"形切口上端做一针缝合即可，敷上有少量碘酊的药棉，用绷带或纱布包扎，用手术时剪下的羊毛敷于最上部再行包扎可防冻防雨。

③摘除的包囊，必须烧毁或深埋，同时清扫地面，以免再传播感染。

④术后治疗和护理。术后30min，羊只处于兴奋状态，要避免骚动，防止脑实质塌陷、脑内出血。公羊要防止相互撞击，最好单独管理。

为了防止伤口感染或继发脑炎，用青霉素、磺胺嘧啶钠等消炎药治疗，每天2次，用药3～5d，以利于病羊康复。

认真做好术后羊的饲养管理，在术后预防治疗的同时，要求放牧人员将术后羊置于平坦向阳的牧地或圈舍，给予易消化的饲料，每天要给足够的饮水，在没有完全康复前，不予混群放牧，以防顶撞而发生震动引起的脑炎。

四、羊鼻蝇蛆病

羊鼻蝇蛆病是羊狂蝇属的羊狂蝇的幼虫寄生于羊的鼻腔及其附近的腔窦内引起的一种慢性寄生虫病。病羊表现为流脓性鼻涕、呼吸困难和打喷嚏等慢性窦炎症状，本病主要危害绵羊。该病可根据病羊的临床症状、流行病学、虫卵检查及剖检等几方面综合确诊。

（一）主要预防措施

（1）在羊鼻蝇病流行地区，重点消灭冬季幼虫。每年夏、秋季节，定期用1%敌百虫喷擦羊的鼻孔，用0.05%双甲脒喷洒羊群。平时用阿维菌素等进行预防性驱虫。

（2）保持羊舍清洁卫生。

（二）主要治疗措施

1. 敌敌畏　按每千克体重配成水溶液灌服，每天1次，连续2d，也可将其配成40%的敌敌畏乳剂，按1mL/m³剂量喷雾，使羊吸雾15～30min。

2. 阿维菌素或伊维菌素　按每千克体重0.2mg皮下注射。

3. 敌百虫　1%敌百虫水溶液喷鼻，10%～20%的敌百虫溶液按每千克体重0.075～0.1g灌服。

五、羊球虫病

该病是由艾美耳科艾美耳属的球虫寄生于肠道引起的以下痢为主的羔羊原虫病。临床表现为渐进性贫血、消瘦及血痢。各种年龄的羊均可感染该病，尤以羔羊和2岁以内的幼龄羊易感。羔羊最易感染而且症状严重，死亡率也高。本病多发生于多雨炎热的夏季（4—9月），常呈地方性流行。

（一）主要预防措施

（1）不在潮湿低洼的地方放牧，不在小的死水池内饮水。

（2）成年羊与羔羊分群饲养。

（3）保持羊舍干燥、卫生，饲料和饮水等的清洁。

（4）对病羊采取隔离措施，对环境、用具进行彻底消毒，粪便进行无害化处理。

（5）在饲料中加呋喃西林0.016 5%或在饮水中加入0.008%。另外，可在每千克饲料中加0.01～0.03g莫能霉素，可预防该病发生。

（二）主要治疗措施

1. 磺胺二甲基嘧啶（SMZ）　剂量按每千克体重0.1mg，口服，每天1次，连用1～2周。

2. 磺胺脒1份、碱式硝酸铋1份、矽炭银5份　混合成粉剂，剂量按每千克体重 0.67mg，一次内服，连用数日，效果较好。

3. 硫化二苯胺 每千克体重 0.2～0.4g，每天 1 次，使用 3d 后间隔 1d。

4. 氨丙啉 每千克体重 20～25mg，连喂 2 周。

5. 呋喃西林 每千克体重 10mg，连喂 7d。

六、羊莫尼茨绦虫病

羊莫尼茨绦虫病是由扩展莫尼茨绦虫和贝氏莫尼茨绦虫寄生在羊的小肠内引起的一种危害严重的消化道疾病。本病呈地方性流行，羔羊受害最严重。

（一）主要预防措施

（1）冬季舍饲至春季放牧之前，全面进行驱虫。在秋后转入舍饲或移到冬季营地之前再驱虫 1 次，有条件的地方应将驱虫后的粪便集中进行无害化处理。

（2）羔羊在开始放牧时和绦虫成熟前，在 50 日龄内应驱虫 2 次。有条件的地方应将驱虫后的粪便集中进行无害化处理。

（3）消灭中间宿主地螨。土壤螨具有避强光和喜潮湿的习性，早晨和黄昏及夜间数量较多，阴雨天更为活跃，此时应避免在污染草场放牧；也可以通过深耕、作物轮作、改变种植的牧草等措施改变螨的生存环境，从而减少地螨数量。

（4）注意选择好放牧时间、地点，以减少羊只与地螨的接触机会。

（二）主要治疗措施

1. 阿苯达唑 每千克体重 5～10mg，制成 1%的水悬液，口服。

2. 氯硝硫胺 每千克体重 100mg，制成 10%的水悬液，口服。

3. 硫氯酚 每千克体重 75～100mg，包在菜叶里口服，也可灌服。

4. 硫酸铜 配制成 1%水溶液使用。配制时每 1 000mL 溶液中加入 1～4mL 盐酸有助于硫酸铜充分溶解。配制的溶液应储存于玻璃或木质容器内。治疗剂量为：1～6 月龄的半细毛羊 15～45mL；7 月龄至成年的羊 50～100mL；成年山羊不超过 60mL，可用长颈细口玻璃瓶灌服。

5. 仙鹤草根牙粉 每只用量 30g，一次性口服。

6. 吡喹酮 每千克体重 15mg，一次性口服。

七、羊捻转血矛线虫病

羊捻转血矛线虫病是由捻转血矛线虫寄生在羊的皱胃（偶见于小肠）引起的一种危害严重的线虫病。

（一）主要预防措施

（1）定期进行预防性驱虫，一般春秋两季各进行 1 次。驱虫后的粪便堆积进行无害化处理，以消灭虫卵和幼虫。

（2）加强饲养管理，增强机体的抵抗力。

（3）放牧时应避免在低湿的地点放牧，不要在清晨、傍晚或雨后放牧，以减少感染机会。注意饮用水的卫生。

（4）加强牧场管理，做好有计划的轮牧。

（二）主要治疗措施

1. 阿苯达唑　每千克体重5～20mg，口服。

2. 左旋咪唑　每千克体重5～10mg，混饲喂给，或皮下注射、肌内注射。

3. 塞苯唑　每千克体重50mg，口服。该药对矛线虫效果较差。

4. 精制敌百虫　每千克体重80～100mg。

5. 甲苯唑　每千克体重10～15mg，口服。

6. 伊维菌素　每千克体重200mg，皮下注射。

主要寄生于羊小肠的羊仰口线虫（引起钩虫病），寄生于羊大肠的食道口线虫（引起结节虫病）和阔口线虫病的防治方法与捻转血矛线虫病相似。

第四节　羊的常见普通病

一、消化系统疾病

（一）口炎

口炎是羊的口腔黏膜表层和深层组织的炎症，在饲养管理不善时易发生。按其炎症的性质，又可分为卡他性口炎、水疱性口炎和溃疡性口炎等。病初都有卡他性口炎的症状，如采食、咀嚼障碍、流涎等。

预防主要是加强饲养管理，防止草料内异物对口腔的损伤；提高饲料品质，饲喂富含维生素的柔软饲料；不喂发霉腐烂的草料；饲槽经常用2%的碱水消毒。

轻度口炎可用0.1%依沙吖啶液、0.1%高锰酸钾液或20%盐水冲洗；发生糜烂及渗出时，用2%明矾液冲洗；口腔黏膜有溃疡时，可用碘甘油、5%碘酊、龙胆紫溶液、磺胺软膏、四环素软膏等涂擦患部，每天3～4次；如继发细菌感染，体温升高时，用青霉素40万～80万IU，链霉素100万U，肌内注射，每天2次，连用3～5d；也可服用或注射磺胺类药物。中药可用青黛散（青黛9g、黄连6g、薄荷3g、桔梗6g、儿茶6g，研为细末），或冰硼散（冰片3g、硼砂9g、青黛12g，研为细末），吹入羊口腔内。

（二）食管阻塞

食管阻塞是羊食管被草料或异物突然阻塞所致。该病的特征是病羊表现咽下障碍和苦闷不安。平时应严格遵守饲养管理制度，避免羊只过于饥饿，发生饥不择食和采食过急的现象，饲养中注意补充各种无机盐，以防异食癖。经常清理牧场及圈舍周围的废弃杂物。治疗方法主要有：

1. 开口取物法 阻塞物塞于咽或咽后时，可装上开口器，保定好病羊，用手直接掏取或用铁丝圈套取。

2. 胃管探送法 阻塞物在近贲门部时，可先将2%普鲁卡因溶液5mL、液状石蜡30mL混合，用胃管送至阻塞物部位，然后用硬质胃管推送阻塞物进入瘤胃。

3. 砸碎法 当阻塞物易碎、表面光滑且阻塞于颈部食管时，可在阻塞物两侧垫上布鞋底，将一侧固定，在另一侧用木槌打砸，使其破碎，咽入瘤胃。

4. 手术疗法 手术时要避免损伤与食管并行的动、静脉管壁。确定、保定手术部位；局部处理与麻醉，按外科手术操作规程，局部剪毛、消毒，用0.25%普鲁卡因做局部浸润麻醉。

切开皮肤，剥离肌肉，暴露食管壁，将距阻塞物前后约1.5cm处的食管用套有细胶管的止血钳夹住，不宜过紧，然后在阻塞部位纵行切开取出阻塞物。取出后局部用0.1%的依沙吖啶洗涤消毒，再用生理盐水冲洗，按顺序进行缝合。为防止污染，可涂外伤膏。

术后用青霉素80万IU、阿尼利定10mL混合，一次肌内注射，每天2次，连用5d。维生素C 0.5g，每天1次，肌内注射，连用3d。术后禁食1d，防止污染，翌日喂小米粥，第3天开始给少量青干草，直到痊愈。

（三）前胃弛缓

前胃弛缓是由各种原因导致的前胃兴奋性降低、收缩力减弱，瘤胃内容物运转缓慢，菌群失调，产生大量腐解和酵解的有毒物质，引起消化障碍、食欲减退、反刍次数减少，以及全身机能紊乱的一种疾病。本病在冬末、春初饲料缺乏时最为常见。比较复杂，一般分为原发性和继发性两种。

预防主要在于加强饲养管理，注意饲料配合，防止长期饲喂过硬、难消化或单一劣质的饲料，对可口的精饲料要限制给量，切勿突然改变饲料或饲喂方式与顺序。应给予充足的饮水，并创造条件供给温水。防止过劳或运动不足，避免各种应激因素的刺激。及时治疗继发本病的其他疾病。治疗原则是缓泻、止酵、促进瘤胃蠕动。

（1）病初禁食1～2d，每天要按摩瘤胃数次，每次10～20min，并给予少量易消化的多汁饲料。

（2）当瘤胃内容物过多时，可投服缓泻剂。常内服液状石蜡100～200mL或硫酸镁20～30g等。

（3）10%氯化钠20mL、生理盐水100mL、10%氯化钙10mL，混合后一次静脉注射。

（4）酵母粉 10g、蔗糖 10g、酒精 10mL、陈皮酊 5mL，混合加水适量灌服。

（5）可内服酒石酸锑钾 0.2～0.5g，番木别酊 1～3mL 等前胃兴奋剂。

（6）灌服碳酸氢钠 10～15g，可防止酸中毒。

（7）大蒜酊 20mL、龙胆末 10g、豆蔻酊 10mL，加水适量，一次口服。

（四）瘤胃积食

羊瘤胃积食是因瘤胃内充满过量的饲料，致使容积扩大，胃壁过度伸张，食物滞留于胃内的严重消化不良性疾病，该病临床特征为反刍、嗳气停止，瘤胃坚实，瘤胃蠕动极弱或消失。

预防主要在于强化饲养管理，避免大量给予纤维干硬而不易消化的饲料，对可口喜食的精饲料要限量饲喂；冬季由放牧转舍饲时，应给予充足的饮水，并应创造条件供给温水，尤其是饱食以后不要给大量冷水。治疗时以排出瘤胃内容物为主，辅以止酵防腐，消导下泻，纠正酸中毒和健胃补充体液。

（1）消导下泻，内服硫酸镁或硫酸钠，成年羊每次灌服 50～80g（配成 80%～10%溶液），或内服液状石蜡 100～200mL/次；解除酸中毒，可用 5% 碳酸氢钠 100mL，加 5%葡萄糖 200mL，一次静脉滴注；或用 11.2%乳酸钠 30mL，静脉注射。为防止酸中毒继续恶化，可用 2%石灰水洗胃。

（2）强心补液，对症治疗。心脏衰弱时，可用 10%樟脑磺酸钾或 0.5%樟脑水 4～6mL，一次皮下注射或肌内注射；呼吸系统和血液循环系统衰竭时，可用尼可刹米注射液 2mL，肌内注射。

（3）用手或鞋底按摩左肩窝部，刺激瘤胃收缩，促进反刍，然后用木棍横衔嘴里，两头拴于耳朵上，并适当牵遛，有促进反刍之功效。

（4）液体石蜡 200mL、番木瓜酊 7g、陈皮酊 10g、芳香氨醑 10g，加水 200mL，灌服。

（5）人工盐 50g、大黄末 10g、龙胆末 10g、复方维生素 B 50 片，一次灌服。10%高渗盐水 40～60mL，一次静脉注射。甲基硫酸新斯的明 1～2mg，肌内注射。土酒石（酒石酸锑钾）0.5～0.8g、龙胆酊 20g，加水 200mL，一次灌服。

（6）陈皮 10g、枳壳 6g、枳实 6g、神曲 10g、厚朴 6g、山楂 10g、萝卜籽 10g，水煎取汁，灌服。

对种羊，若药物治疗效果较差，宜迅速行瘤胃切开术抢救。

（五）急性瘤胃臌气

是因羊前胃神经反应性减弱，收缩力减弱，采食了容易发酵的饲料，在瘤胃内菌群作用下，异常发酵，产生大量气体，引起瘤胃和网胃急剧膨胀，膈与胸腔脏器受到压迫，呼吸与血液循环障碍，发生窒息现象的一种疾病。多发生于春末夏初放牧的羊群。

预防主要在于加强饲养管理，必须防止羊只采食过多的豆科牧草，不喂霉烂或易发酵的饲料，不喂露水草，少喂难以消化和易引起臌胀的饲料。治疗应以胃管放气、止酵防腐、清理胃肠为原则。

（1）对初发病例或病情较轻者，可立即单独灌服来苏儿 2.5mL 或福尔马林 1～3mL。

（2）液状石蜡 100mL、鱼石脂 2g、酒精 10mL，加水适量，一次灌服。

（3）氧化镁 30g，加水 300mL，灌服。

（4）大蒜 200g 捣碎后加食用油 150mL，一次灌服。

（5）放牧过程中，发现病羊时，可把臭椿、山桃、山楂、柳树等枝条衔在羊口内，将羊头抬起，利用咀嚼枝条以咽下唾液，促进嗳气发生，排出瘤胃内的气体。

（6）中药疗法。干姜 6g、陈皮 9g、香附 9g、肉豆蔻 3g、砂仁 3、木香 3g、神曲 6g、萝卜籽 3、麦芽 6g、山楂 6g，水煎，去渣后灌服。

（7）病情严重者，应迅速施行瘤胃穿刺术。首先在左侧隆起最高处剪毛消毒，然后将套管针或 16 号针头由后上方向下方朝向对侧（右侧）肘部刺入，使瘤胃内气体慢慢放出，在放气过程中要紧压腹壁，使之与瘤胃壁紧贴，边放气边下压，以防胃液漏入腹腔内而引起腹膜炎。气体停止大量排出时向瘤胃内注入煤酚皂液 5mL。

（六）瓣胃阻塞

是由于羊瓣胃的收缩力减弱，食物通过瓣胃时积聚，不能后移，充满叶瓣之间，水分被吸收，内容物变干所致疾病。特征为瓣胃坚硬，排粪减少或不排粪。

1. 预防　避免长时间用含有泥沙的麸糠饲料喂养，适当减少坚硬的粗纤维饲料；酒糟类饲料也不宜长期饲喂过多，应给予营养丰富的饲料，注意补充矿物饲料，供给充足清洁的饮水，防止过劳和缺乏运动。发生前胃弛缓时，应及早治疗，以防止继发本病。

2. 治疗　应以软化瓣胃内容物为主，辅以兴奋前胃运动机能，促进胃肠内容物排出。

瓣胃注射疗法对顽固性瓣胃阻塞疗效显著。方法：备好浓度为 25% 的硫酸镁溶液 30～40mL，液状石蜡 100mL。在右侧第 9 肋间隙和肩关节交界下方 2cm 处，选用 12 号 7cm 长针头，向对侧肩关节方向刺入 4cm 深，当针刺入后，可先注入 20mL 生理盐水，试其有较大压力时，表明针已刺入瓣胃，再将上述备好的药液交替注入，于翌日可重复注射 1 次。

瓣胃注射后，再输液，可用 10% 氯化钠液 50～100mL、5% 葡萄糖生理盐水 150～300mL 混合静脉注射。待瓣膜松软后，可皮下注射 0.1% 卡巴胆碱 0.2～0.3mL。

（七）创伤性网胃心包炎

创伤性网胃心包炎，是由于金属异物（针、钉、碎铁丝）混杂在饲料内，被羊采食吞咽入网胃，导致急性或慢性前胃弛缓，瘤胃反复臌胀，消化不良，并因穿透网胃刺伤心包，继发创伤性心包炎。

1. 预防　注意清除饲草、饲料及草场中重金属异物，建立定期检查和预防制度，瘤胃中投放磁铁块并定期取出清除吸附其上的金属异物，严禁在牧场及饲料加工存放场地附近堆放铁器。

2. 治疗　早期诊断后可行瘤胃切开术，将手伸进瘤胃内，从网胃中取出异物；也可不切开瘤胃而将手伸入腹腔，从网胃内取出异物。同时，配合抗生素和磺胺类药物治疗，可用青霉素 40 万～80 万 IU、链霉素 50 万 U，肌内注射；磺胺嘧啶钠 5～8g、碳酸氢钠 5g，加水灌服，每天 1 次，连用 1 周以上；或内服健胃剂、镇痛剂。如病已到晚期，并累及心包或其他器官，则预防不良，常以淘汰告终。

（八）羊肠套叠

由于肠结节虫寄生肠管、羊只无规律运动、突然奔跑，以及胎儿压迫等，均可引起肠管套叠。多见于绵羊。该病不是一年四季均有发病，以 3—5 月和 9—11 月发病较多。放牧期间羊群发病率高，舍饲期间发病率较低。

发病时，争取前期施行手术治疗。先准备好手术用常规器械、药品（药液）及敷料；术者手臂常规消毒。

病羊左侧卧地或置于手术台上，左右肢与前两肢交错绑在一块，留右后肢，由助手拉紧压好，另一助手徒手将头部与前躯固定压好即可。选好右肷部为预定手术区，术部剪毛消毒，盖上手术创布并固定。用 2% 普鲁卡因 14～16mL，加肾上腺素注射液 2mL，在术部做菱形局麻。

注射局部麻醉剂 5min 后开始手术。切开皮肤 8～12cm，彻底止血，钝性切开分离各肌层，剪开腹膜。将右手伸入腹腔，探索病部，可摸到如香肠一样的套叠肠管，小心翼翼地拉出创口。观察判断套入部分肠管是否坏死，如不坏死，可顺着套叠部反向牵拉肠系膜，或者紧握套叠肠管挤压出套入的肠管。如无法牵出肠管则表示已经坏死，应截去套叠部分，施行肠吻合术。要缝合细密，止血可靠，清洗血污，保证通畅，然后将肠管还纳入腹腔内。

在还纳肠管前，吻合口周围喷洒一些青霉素、链霉素混合液，并向腹腔内注入 120 万～160 万 IU 青霉素、1 000mg 链霉素、8～10mL 樟脑油。然后仔细分层缝合好腹膜及各肌层和皮肤。每缝好一层可喷洒一些青霉素、链霉素混合液。创口用酒精擦除血污，再涂以2%碘酊，外盖纱布包扎好，冬季创口周围要加棉花保温，以防冻坏。手术完后，轻轻解开绑带，扶羊下地。

术后先进行强心补液。连续注射青、链霉素或磺胺类药物3～5d。每天检查创口，防止感染化脓、冻伤或粪尿等异物污染。将病羊置于清洁干燥的圈舍内，给予青绿易消化、营养比较丰富的饲料，让其自由采食。可内服中药：乳香30g、没药30g、血竭30g、二花20g、连翘20g、茯苓15g、木通15g、青皮15g、陈皮15g、厚朴15g、甘草15g，水煎取液，候温灌服，80mL/次，3次/d，连服3d。

（九）绵羊肠扭转

是由于肠管位置发生改变，引起肠腔机械性闭塞，继而肠管发生出血、麻痹、坏死变化的疾病。病羊表现急剧的腹痛症状，如不及时整复肠管位置，可造成病羊死亡，死亡率达100%。该病平时少见，多发生于剪毛后，故称其为剪毛病。

绵羊肠扭转一般继发于肠痉挛、肠臌气、瘤胃臌气，在这些疾病中肠管蠕动增强并发生痉挛收缩，或因腹痛引起羊打滚旋转，或瘤胃臌气，体积增大，迫使肠管离开正常位置，各段肠管互相扭结缠叠而发病。另外，剪毛前采食过饱，腹压较大，在放倒固定腿蹄时羊只挣扎，或翻转体躯时动作粗暴、过猛，均可导致肠扭转。治疗以整复法为主，药物镇痛为辅。

1. 体位整复法　由助手抱住病羊胸部，将其提起，使羊臀部着地，羊背部紧挨助手腹部和腿部，让羊腹部松弛，呈人伸腿坐地状。术者蹲于羊前方，两手握拳，分别置两拳头于病羊左右腹壁中部，紧挨腹壁，交替推揉，每分钟推揉60次左右，助手同时晃动羊体。推揉5～6min后，再由两人分别提起羊的一侧前后肢，背向地面左右摆动10余次。放下羊让其站立，持鞭轰赶，使羊奔跑运动8～10min，然后观察效果。

推揉时用力大小要适中，应使腹腔内肠管、瘤胃晃动，以可听到胃肠清脆的撞击音为度。若病羊嗳气，瘤胃臌气消散，腹壁紧张性减轻，病羊安静，可视为整复术成功。

2. 手术整复法　若采用体位整复法不能达到目的，应立即进行剖腹探诊，查明扭转部位，整理扭转的肠管使之复位。

3. 药物治疗　整复后，宜用以下药物治疗。镇痛剂用阿尼利定注射液10mL，肌内注射；或用美沙酮注射液5mL，分2次皮下注射；或用水合氯醛3g、酒精30mL，一次内服；或用三溴合剂30～50mL，一次静脉注射。中药：延胡索9g、桃仁9g、红花9g、木香3g、大黄10g、陈皮9g、厚朴9g、芒硝12g、玉片3g、茯苓9g、泽泻6g，水煎取液，每次100mL，每天3次，连服3d。同时应补液、强心，适当纠正酸中毒。

（十）胃肠炎

是胃肠表层黏膜及其深层组织的重剧炎症过程。胃和肠的解剖结构和生理机能紧密相关，胃或肠的器质损伤和机能紊乱，容易相互影响。因此，胃和肠的炎症多同时或相继发生。该病的特征是严重的胃肠功能障碍和不同程度的自体中毒。可分为原发性和继发性两种。

预防贯彻“预防为主”的原则，着重改善饲养管理，保持适当运动，增强体质，保证健康。

必须注意饲料质量、饲养方法，制订合理的饲养管理制度，加强饲养人员业务学习，提高饲养管理水平，做好日常饲养管理工作，对防止胃肠炎的发生有重要意义。

注意饲料保管和调配工作，不使饲料霉败。饲喂要做到定时定量，少喂勤添，先草后料；检查饮水质量，保障饮水清洁；防止暴饮；严寒季节，喂给温水，预防冷冻。

定期检查，注意观察，加强护理。

治疗原则是抗菌消炎，制止发酵，清理胃肠，保护胃肠黏膜，强心补液，防止脱水和自体中毒。可使用磺胺脒4～8g，碳酸氢钠3～5g；或萨罗2～8g、药用炭10g、碱式硝酸铋3g，加水适量，一次灌服。肠道消炎可选用氯霉素0.5g或土霉素0.5g，口服，每天2次。也可用庆大霉素20万U，肌内注射，每天2次。

严重脱水时，可用复方生理盐水或5%葡萄糖溶液200～300mL，10%樟脑磺酸钠4mL、维生素C 100mL，混合后静脉注射，每天1～2次。

中药治疗，黄连4g、黄芩10g、黄柏10g、白头翁6g、枳壳9g、砂仁6g、猪苓9g、泽泻9g，水煎取液，候温灌服。

急性肠炎可用下列药物治疗，处方为：白头翁12g、秦皮9g、黄连2g、黄芩3g、大黄3g、栀子3g、茯苓6g、泽泻6g、郁金9g、木香2g、山楂6g，水煎取液，候温灌服。

（十一）羔羊消化不良

是初生羔羊在哺乳期的常发疾病，主要特征是明显的消化机能障碍和不同程度的腹泻。根据临床症状和疾病经过，通常分为单纯性消化不良和中毒性消化不良两种。本病不仅使羔羊的生长发育受阻，而且也极易导致死亡，故应对本病引起足够的重视。预防羔羊消化不良的措施主要是改善饲养，加强护理，注意卫生。

1. 加强妊娠母羊的饲养管理　保证母羊充足的营养物质，特别是在妊娠后期，应增喂富含蛋白、脂肪、矿物质及维生素的优质饲料；母羊饲料组成应包括适量的胡萝卜，或自分娩前2个月开始，应用维生素A、维生素D注射液，肌内注射，每 5d 1 次；妊娠母羊的日粮中必须补充微量元素；改善妊娠母羊的卫生条件。对哺乳母羊应保持乳房清洁并进行适当的户外运动，每天运动不应少于 2～3h。

2. 注意对羔羊的护理 使新生羔羊能尽早吃到初乳，最好能在生后 1h 内吃到初乳。对体质较弱的羔羊，初乳应采取少量多次人工饲喂的方式；母乳不足或质量不佳时，可定时、定量人工哺乳。羊舍应保持温暖、干燥、清洁，防止羔羊受寒感冒。定期消毒羊舍及围栏，勤换垫草，应及时清除粪尿；羔羊的饲具，必须经常刷洗，并定期消毒。

3. 及时对症治疗 羔羊消化不良的原因是多方面的，故对本病的治疗，应采取食饵疗法、药物疗法及改善卫生条件等综合措施。为此，应改善卫生条件，加强饲养，注意护理，维护心脏血管机能，改善物质代谢，抑菌消炎，防止酸中毒，制止胃肠的发酵和腐败过程。

首先应将有病羔羊置于干燥、温暖、清洁、单独的羊舍内。禁乳 8～10h，此时可饮用生理盐水酸水溶液（氯化钠 5g，33% 盐酸 1mL，凉开水 1 000mL），或饮用温茶水 100～150mL，每天 3 次。

为排出胃肠内容物，对腹泻不很严重的病羊，可应用油类或盐类缓泻剂。

为防止肠道感染，特别是对中毒性消化不良的羔羊，可选用抗生素进行治疗。链霉素 0.1～0.2g，每天 3 次，混合水或牛乳灌服。氯霉素 0.25g，每天 2 次，内服；新霉素 0.5～1g 或每千克体重 0.01g，每天 3～4 次，内服。卡那霉素，每千克体重 0.005～0.01g，内服。

呋喃类和磺胺类药物中，可选用磺胺脒，首次量 0.25～0.5g，维持量 0.1～0.2g，每天 2～3 次，内服。也可选用磺胺甲基异噁唑（SMZ）；或应用甲氧苄啶与磺胺嘧啶合剂（TMP - SD）、甲氧苄啶与磺胺甲基异噁唑合剂（TMP - SMZ），内服。

为防治肠内腐败、发酵过程，除应用磺胺药和抗生素外，也可适当选用乳酸、鱼石脂、克辽林等防腐止酵药物，对持续腹泻不止的羔羊，可应用明矾、碱式硝酸铋、矽炭银，内服。

为防止机体脱水，保持水盐代谢平衡，可在病初给羔羊饮用生理盐水 250～300mL，每天饮用 5～8 次。也可静脉或腹腔注射 10%葡萄糖溶液或 5%葡萄糖氯化钠溶液 50～100mL。

中药：党参 30g、白术 30g、陈皮 15g、苍术 15g、防风 30g、地榆 15g、白头翁 15g、五味子 15g、荆芥 30g、木香 15g、苏叶 30g、干姜 15g、甘草 15g，加水 1 000mL，煎 30min，然后再加开水至总量为 1 000mL，每只羔羊 30mL，每天 1 次，用胃管灌服。

二、呼吸系统疾病

（一）感冒

感冒是一种急性全身性疾病，以上呼吸道黏膜炎症为主症。多发生于早春、晚秋天气剧变时，没有传染性。病羊精神沉郁，低头耷耳。食欲减退或废绝。鼻黏膜充血、肿胀，流浆液性鼻液，咳嗽、打喷嚏，鼻腔周围粘有鼻涕。体温升高，浑身发抖，呆立。小羊还有磨牙现象，大羊常发出鼾声。听诊肺泡呼吸音有时增强，有时并有湿啰音，瘤胃蠕动音减弱。

防治主要在于注意天气变化，做好御寒保温工作，冬季羊舍门窗、墙壁要封严，防止冷风侵袭，夏季要防汗后风吹雨淋。病羊应避风保暖，充分供给饮水，饲喂易消化饲料，并注意休息。

病初应给予解热镇痛药，如30%安乃近、复方氨基比林或复方奎宁注射液，每只羊4～6mL，每天1次，肌内注射。也可内服阿司匹林、氨基比林或水杨酸钠等2～5g。当高热不退时，应及时应用抗生素或磺胺类药物，如青霉素、链霉素，每天2次，每次40万～80万U，肌内注射。

中药治疗：麻黄9g、桂枝9g、荆芥9g、防风8g、葛根8g、柴胡8g、苏子8g。水煎取液，候温灌服，每次60mL，每天2次。羔羊用量减半。

（二）肺炎

肺炎是细支气管与个别肺小叶或小群肺泡的炎症，一般由支气管炎症蔓延所引起。主要是由于受寒感冒，机体抵抗力降低，受物理化学因素刺激，受条件性病原菌的侵害（如巴氏杆菌、链球菌、化脓放线菌、铜绿假单胞菌、葡萄球菌等的感染）而引起；羊肺线虫也可引发本病。此外，可继发于口蹄疫、放线菌病、子宫炎、乳腺炎。还可见于羊鼻蝇、外伤所致的肋骨骨折、创伤性心包炎的病理过程中。

肺炎初期呈急性支气管炎症状，即咳嗽、体温升高，呈弛张热型，高达40℃以上；寒战，呼吸加快，呈混合性呼吸困难。叩诊胸部有局灶性浊音区，听诊肺区有捻发音。肺脓肿常由小叶性肺炎继发而来，病羊呈现间歇热，体温升高到41.5℃；咳嗽、呼吸困难；肺区叩诊，常出现固定的似局灶性浊音区，病区呼吸音消失。

预防主要在于加强饲养管理，增强机体抗病能力，每个圈舍要严格控制羊的数量，防止密度过大。圈舍应通风良好，干燥向阳；冬季保温，春季防寒，以防感冒发生。为此应供给蛋白质、矿物质、维生素含量丰富的饲料，营养搭配合理；远道运回的羊只，不要急于喂给精饲料，应在充分休息后喂给青绿饲料或青贮饲料。

为控制感染，可用磺胺类药物和抗生素。常以青霉素40万～80万IU，链霉素 0.5g，一次肌内注射，每天 2 次，连用 2～3d。也可使用青霉素，直接进行气管内注射。此外，可用新霉素、土霉素、四环素、卡那霉素及磺胺类药物治疗。同时，配合对症疗法，当体温过高时，可肌内注射安乃近 2mL 或阿尼利定 2～4mL，每天 2 次。镇咳祛痰，可使用氯化铵 2～5g、酒石酸锑钾 0.4～1g、杏仁水 2～3mL，加水混合，一次灌服。心脏衰弱时，可用 10%樟脑磺酸钠注射液 2～3mL，一次肌内注射或皮下注射。

三、生殖系统疾病

（一）流产

是指母羊妊娠中断，或胎儿不足月就排出子宫而死亡的疾病。流产分为小产、流产、早产，半细毛羊发生流产较少见。

预防以加强饲养管理为主，重视传染病的防治，根据流产发生的原因，采取有效的防治保健措施。应给予数量足、质量高的饲料。日粮中所含的营养成分，要考虑母体和胎儿需要。严禁饲喂冰冻、霉败及有毒饲料，防止饥饿、过渴、过食、暴饮。

适当运动，防止挤压、碰撞、跌摔、踢跳、鞭打、惊吓、重役、猛跑，做好防寒及防暑工作。合理选配，以防偷配、乱配。母羊的配种、预产都要记录。

配种、妊娠诊断、直肠及阴道检查，要严格遵守操作规程，严禁粗暴对待母羊。定期检疫、预防接种、驱虫及消毒。凡遇疾病，要及时诊断，及早治疗，谨慎用药。发生流产时，先行隔离消毒，一方面查明原因；另一方面进行处理，以防传染性流产散播。

治疗应针对不同情况，采取不同措施。对有流产征兆（胎动不安，腹痛起卧，呼吸、脉搏增数）而胎儿未被排出及习惯性流产，应全力保胎，以防流产。可用黄体酮注射液（含 15mg）一次肌内注射。

中药治疗，宜用四物胶艾汤加减：当归 6g、熟地 6g、川芎 4g、黄芩 3g、阿胶 12g、艾叶 9g、菟丝子 6g，共研末，用开水调合，每天 1 次，灌服 2 剂。

死胎滞留时，应采用引产或助产措施。胎儿死亡，子宫颈未开时，应先肌内注射雌激素，如己烯雌酚或苯甲酸雌二醇 2～3mg，使子宫颈开张，然后从产道拉出胎儿。母羊出现全身症状时，应对症治疗。

（二）难产

是指发生分娩困难，不能将胎儿顺利由阴道排出来的疾病。阵缩努责微弱或过强、子宫腹壁疝、阴门狭窄、子宫颈狭窄、胎儿过大、双胎、胎儿楔入产道、胎儿畸形、死胎、胎儿姿势异常、胎向及胎位不正等原因均可导致羊发生难产。为了保证母仔安全，对于难产的羊必须进行全面检查，及时进行人工助产术；对种羊可考虑剖宫产。

1. 助产时间　当母羊开始阵缩超过4h，未见羊膜绒膜在阴门处或阴门内破裂（绵羊需14min至2.5h，双胎间隔15min），母羊停止阵缩或阵缩无力时，需迅速进行人工助产，不可拖延时间，以防羔羊死亡。

2. 助产准备

（1）助产前询问母羊分娩时间，是初产还是经产，看胎膜是否破裂，有无羊水流出，检查全身状况。

（2）保定母羊，一般使羊侧卧，保持安静，让前肢低、后躯稍高，以便于矫正胎位。

（3）对手臂、助产用具进行消毒；对阴户外，用0.5%新苯扎氯铵溶液进行清洁。

（4）检查产道有无水肿、损伤、感染，产道表面干燥和湿润状态。

（5）确定胎位是否正常，判断胎儿死活。胎儿正产时，手入阴道可摸到胎儿嘴巴、两前肢，两前肢中间夹着胎儿的头部；当胎儿出生时，手入产道可触及胎儿尾巴、臂部、后蹄，以手压迫胎儿，如有反应，表示尚活存。

3. 助产方法　常见的难产位有头颈侧弯、头颈下弯、前肢腕关节屈曲、肩关节屈曲、胎儿下位、胎儿横向、胎儿过大等，可按不同的异常产位将其矫正，然后将胎儿拉出产道。

子宫颈扩张不全或子宫颈闭锁，胎儿不能产出，或骨骼变形，致使骨盆腔狭窄，胎儿不能正常通过产道时，可进行剖宫产急救胎儿，确保母羊安全。

皮下注射麦角碱注射液1～2mL。必须注意，麦角制剂只限于子宫颈完全开张，胎位及胎向正常时方可使用，否则易引起子宫破裂。

当羊怀双羔时，可遇到双羔同时将一肢伸出产道，形成交叉的情况。由此形成的难产，应分清情况，辨明关系。可触摸到腕关节，则确定为前肢，触摸到跖关节，则确定为后肢。若遇交叉，可将另一羔的肢体推回腹腔，先整顺一只羔羊的肢体，将其拉出产道；再将另一只羔羊的肢体整顺拉出。切忌将2只羊的不同肢体误认为同只羔羊的肢体。

（三）阴道脱

饲养管理较差、日粮中缺乏常量元素及微量元素，运动不足，体质虚弱，阴道周围的组织韧带弛缓，是其主要原因；妊娠羊到后期腹压增大，分娩或胎衣不下时努责过强、助产时拉出胎儿过急等情况下，容易发生本病。

预防主要在于加强饲养管理，保证饲料的质和量，使羊体况良好；在妊娠期，保证羊有足够的运动，增强子宫肌肉的张力；多胎母羊，必须在产后14h内注意观察，以便及时发现病羊，尽快治疗；胎衣不下时，绝不能强行拉出；产道干燥时，在拉出胎儿之前，应给产道内涂灌大量油类，并在羔羊拉出之后立刻施以脱宫带，以防子宫脱出。

整复脱出的阴道可用手垫上消毒纱布托住脱出的阴道，由脱出基部向骨盆腔内推入，至快送入时，用拳头顶进阴道；然后用阴门固定器压迫阴门，牢固固定阴门固定器。对形成习惯性阴道脱出的羊，可用粗线对阴门四周做减张缝合。

当脱出的阴道水肿时，可用针头刺破黏膜，使渗出液流出，等阴道水肿减轻、体积缩小后再整复。局部损伤处结痂者，应先除去痂块，清理坏死组织，然后进行整复。整复中若遇病羊努责，可做尾间隙麻醉。必须在进行阴道复位后，方可除去阴门固定器，或拆除阴门周围缝线，以防再脱出。对体温升高的羊，用磺胺双基嘧啶 5～8g，每天一次灌服；或应用青霉素和链霉素。清洗局部冲洗液常用 3%～10%盐水、0.1%高锰酸钾、0.1%依沙吖啶、0.05%氯已定、0.05%新苯扎氯铵、0.02%呋喃西林等溶液。

(四) 胎衣不下

是妊娠羊产后正常时间内，胎衣仍然排不出来的一种疾病。母羊排出胎衣的正常时间，半细毛羊为 2～6h。多因妊娠羊缺乏运动，饲料中缺乏钙盐及维生素、饮饲失调、体质虚弱等引起。此外，缺硒、子宫炎、布鲁菌病等也可导致胎衣不下。

如果胎衣能在 24h 内全部排出，多半不会发生并发症。但若超过 1d 时，则胎衣会发生腐败，尤其是天气炎热时腐败更快。从胎衣开始腐败起，即因腐败产物引起中毒，而使羊精神不振，食欲减退，体温升高，呼吸加快，泌乳量降低或泌乳停止，从阴道中排出恶臭的分泌物。由于胎衣压迫阴道黏膜，可能使其发生坏死，此病往往并发败血病、破伤风或气肿疽，或者造成子宫或阴道的慢性炎症。如果羊不死亡，一般在 5～10d 内，全部胎衣发生腐烂而脱落。

预防主要在于要适当增加妊娠母羊运动时间，临产前 1 周减少精饲料喂量，分娩后让母羊自行舔干羔羊身体上的黏液，并尽早让羔羊吮乳。分娩后，让母羊饮益母草当归水。胎衣不下的羊分娩后 24h 内，可用垂体后叶激素注射液、催产素注射液或麦角碱注射液 0.8～1mL，一次肌内注射。

用药物方法治疗已达 48～72h 仍不奏效的，应立即采用手术法。先保定好病羊，常规准备及消毒。术者一手握住阴门外的胎衣，稍向外牵拉，另一只手沿胎衣表面伸入子宫，可用食指和中指夹住胎盘周围绒毛成一束，以拇指剥离开母仔胎盘相互结合的周围边缘，剥离半周后，手向手背侧翻转以扭转绒毛膜，使其从子叶中拔出，与母体胎盘分离。子宫角尖端难以剥离，常借子宫角的反射收缩而上升，再行剥离。最后子宫内灌入抗生素或防腐消毒药液，如土霉素 2g，溶于 100mL 生理盐水中，注入子宫腔内；或注入 0.2%普鲁卡因溶液30～50mL。

不借助手术剥离，可辅以防腐消毒药或抗生素，让胎膜自溶排出，达到自行剥离的目的。可向子宫内投入土霉素胶囊，效果较好。

（五）生产瘫痪

生产瘫痪又称产后瘫痪，是生产后母羊突然发生的急性神经障碍性疾病，以知觉丧失和四肢瘫痪为特征。

1. 主要预防措施

（1）在整个妊娠期间都应喂给富含矿物质的饲料。

（2）产前应保持适当运动，但不可运动过度，因为过度疲劳反而容易引起发病。

（3）在分娩前数日和产后1～3d内，每天给予蔗糖15～20g。

2. 主要治疗方法　以提高血钙和减少钙的流失为主，辅以其他疗法。

（1）补钙疗法。用20%～30%葡萄糖酸钙溶液，缓慢静脉注射50～100mL（至少需10～20min），也可用10%葡萄糖酸钙溶液静脉注射，每次10～50mL。

（2）乳房送风疗法。将空气打入乳房，使乳腺受压，引起泌乳减少或暂停，以使血钙不再流失。将乳房、乳头消毒，把乳汁挤净，然后将消毒的乳导管经乳头管插入，随即安上乳房送风器，手握橡皮球，徐徐打入空气，待乳房皮肤紧张，弹击呈鼓响音后，拔出乳导管，用纱布条轻轻扎住乳头或用胶布贴住，以免空气逸出，每个乳室逐个进行。有乳腺炎时，应给予抗生素治疗。

（3）其他疗法。

①补磷。当输钙后，病羊机敏活泼，欲起不能时，多伴有严重的低磷血症。此时，可用20%磷酸二氢钠溶液100mL（或15%磷酸二氢钠溶液150mL），或30%双磷酸钙溶液500mL（用蒸馏水或10%葡萄糖溶液配制），一次静脉注射，疗效较好。

②补糖。随着钙的补给，血中胰岛素的含量很快提高而使血糖降低，有引起低血糖的危险，故在补钙的同时应补糖。

（六）子宫炎

是母羊常见的生殖器官疾病，属于子宫黏膜的炎症，也是导致羊不孕的重要原因之一。主要由于分娩、助产、子宫脱出、阴道脱出、胎衣不下、腹膜炎、胎儿死于腹中，或由于配种、人工授精及接产过程消毒不严等因素，导致细菌感染而引起的子宫黏膜炎症。

预防主要在于注意保持圈舍和产房的清洁卫生，临产前后，对阴门及其周围消毒；配种、人工授精和助产时，应注意器械、术者手臂和外生殖器的消毒；及时正确地治疗流产、难产、胎衣不下、子宫脱出及阴道炎等疾病，以防损伤和感染。

治疗时，要清洗子宫，用1%氯化钠溶液、0.1%高锰酸钾溶液或0.1%～0.2%雷佛奴尔溶液300mL，灌入子宫腔内，然后用虹吸法排出灌入子宫内的消毒溶液，每天1次，连做3～4次。消炎，可在冲洗后向羊子宫内注入碘甘油3mL，或投放土霉素（0.5）胶囊；用青霉素80万IU、链霉素50万U，肌内注射，每天早晚1次。治疗自体中毒，可用10%葡萄糖溶液100mL、5%碳酸氢钠溶液30～50mL，一次静脉注射。

中药治疗：急性病例，可用银花10g、连翘10g、黄芩5g、赤芍4g、香附5g、桃仁4g、薏米5g、延胡索5g、蒲公英5g，水煎候温，一次灌服。慢性病例，可用蒲黄5g、益母草5g、当归8g、五灵脂4g、川芎3g、香附4g、桃仁3g、茯苓5g，水煎候温加黄酒20mL，一次灌服，每天1次，1个疗程2～3d。

（七）乳腺炎

乳腺炎是乳腺、乳池、乳头局部的炎症，多见于泌乳期的半细毛羊。特征为乳腺发生各种不同性质的炎症，乳房发热、红肿、疼痛，影响泌乳机能和产奶量。常见的有浆液性乳腺炎、卡他性乳腺炎、脓性乳腺炎和出血性乳腺炎。引起羊乳腺炎的病原微生物常见的细菌以金黄色葡萄球菌为主。该病多因挤奶时损伤乳头、乳腺体或使乳房受到感染所致。也见于结核病、口蹄疫、子宫炎、脓毒败血症等过程。

挤奶时要采用掌握压挤法，切忌滑挤，不要用手指拉扯乳头；注意羊舍清洁，定期清除羊粪，并经常洗刷羊体，尤其是乳房，以除去污物。平时要注意防止乳房受伤，如有损伤要及时治疗。乳头干裂者，可擦貂油或凡士林。在挤奶前，必须剪指甲、洗净手，并用漂白粉溶液浸过的毛巾彻底清洗乳房。每次挤奶后，可选用0.5%～1%碘液、0.5%～1%氯己定或4%亚氯酸钠浸浴乳头。

病初，可选用青霉素40万IU，链霉素0.5g，用注射用水5mL溶解后注入乳房内。注射前应挤尽乳汁，注射后轻揉乳房腺体部，使药液分布于乳房腺体中，每天1次，最多连用3d，否则会致乳腺萎缩；或采用青霉素普鲁卡因溶液，于乳房基部进行多点封闭疗法。也可内服或注射磺胺类药等；为促进炎症吸收消散，除在炎症初期可应用冷敷外，2～3d后可采用热敷疗法。常用10%硫酸镁水溶液1 000mL，加热至45℃左右，每天热敷1～2次，连用2～4d，每天5～10min；也可用10%鱼石脂酒精或10%鱼石软膏外敷。

中药疗法：急性期可用金银花8g、蒲公英9g、紫花地丁8g、连翘6g、鱼腥草6g、茯苓6g、川芎6g、甘草3g，水煎候温加黄酒10～20mL，一次灌服，每天1剂，视病情，可连用2～3d。

对化脓性乳腺炎及开口于深部的脓肿，宜先排脓，再用3%过氧化氢或0.1%高锰酸钾溶液冲洗，消毒脓腔，再以0.1%～0.2%雷佛奴尔纱布条引流。同时，用庆大霉素、卡那霉素、红霉素、青霉素等抗生素配合全身治疗。

四、营养代谢性疾病

(一) 佝偻病

佝偻病是羔羊在生长发育期中，因维生素D缺乏及钙、磷代谢障碍所致的骨营养不良性疾病。病理特征是成骨细胞钙化作用不足、持久性软骨肥大及骨骺增大的暂时钙化作用不全。临床特征是消化紊乱、异嗜癖、跛行、骨骼变形。

预防主要在于加强妊娠母羊的饲养管理，供给充足的青饲料和青干草，补喂骨粉，增加运动和日照时间。羔羊饲养更应注意，有条件的喂给干苜蓿、沙打旺、胡萝卜等青绿多汁的饲料，并按需要量添加食盐、骨粉、各种微量元素等矿物质饲料。

可用维生素D_2胶性钙5 000～20 000IU肌内注射或皮下注射，每周1次，连用3次；精制鱼肝油3～4mL，肌内注射等。补钙可使用10%葡萄糖酸钙注射液5～10mL，一次静脉注射。

中药可喂服三仙蛋壳粉，即：焦山楂、神曲、麦芽各60g，蛋壳粉（烘干后研末）120g，混合后每只羊每天12g，灌服，连用1周。

(二) 食毛症

食毛症多发生于冬季舍饲的羔羊，由于食量过多，可影响消化，严重时因毛球阻塞肠道形成肠梗阻而死亡。病因主要是由于营养物质代谢障碍。母羊和羔羊饲料中的矿物质和维生素不足，尤其是钙、磷缺乏，导致矿物质代谢障碍；羔羊在哺乳期中毛的生长速度特别快，需要大量含硫丰富的蛋白质，如果供给不足会引起羔羊食毛；由于羔羊离乳后，放牧时间长，补饲不及时，羔羊饥饿时采食了混有羊毛的饲料和饲草而发病，以及分娩母羊的乳房周围、乳头和腿部的污毛被新生羔羊在吮乳时误食入胃也可引起发病。

当毛球形成团块可使胃和肠道阻塞，羔羊表现喜卧、磨牙、消化不良、便秘、腹部及胃肠臌气，严重者表现消瘦贫血。触诊腹部，皱胃、肠道或瘤胃内有大小不一的硬块，羔羊表现疼痛不安。重症治疗不及时可导致心脏衰竭而死亡。解剖时可见胃内和幽门处有许多羊毛球，坚硬如石，造成堵塞。

预防主要在于改善饲养管理。要制订合理的饲养计划，饲喂要做到定时、定量，防止羔羊暴食。给瘦弱的羊补给维生素A、维生素D和微量元素，如加喂市售的维生素A、维生素D和营养素，对有舔食异物癖好的羔羊，更应认真补喂。对羔羊补饲，应供给富含蛋白质、维生素和矿物质的饲料，如青饲料、胡萝卜、甜菜和麸皮等，每天供给骨粉（5～10g）和食盐，补喂鱼肝油。注意分娩母羊和舍内的清洁卫生，母羊产羔后，要将其乳房周围、乳头长毛和腿部污毛剪掉，然后用2%～5%的来苏儿消毒后再让新生羔羊吮乳。

治疗一般以灌肠通便为主。可服用植物油类、液状石蜡或人工盐、碳酸氢钠等，如伴有腹泻可进行强心补液。可做皱胃切开术，取出毛球。肠道已经发生坏死，或羔羊过于孱弱，不易治愈。

（三）酮尿病

是由于蛋白质、脂肪和糖代谢发生紊乱，血内酮体蓄积所引起。该病多见于绵羊，以酮尿为主要症状，半细毛羊多发生于冬末春初。

临床症状表现为病羊初期掉群，不能跟群放牧，视力减退，呆立不动，驱赶强迫运动时，步态不稳。后期意识紊乱，不听主人呼唤，视力丧失。神经症状常表现为头部肌肉痉挛，并可出现耳、唇震颤，空嚼，口流泡沫状唾液。由于颈部肌肉痉挛，故头后仰，或偏向一侧，也可出现转圈运动。若全身痉挛则突然倒地死亡。在病程中病羊食欲减退，前胃蠕动减弱，黏膜苍白或黄疸；体温正常或低于正常，呼出气及尿中有丙酮气味。

预防主要在于改善饲养条件，冬季防寒，并补饲胡萝卜和甜菜根等；春季补饲青干草，适当补饲精饲料（以豆类为主）、骨粉及多种维生素等。

为了提高血糖含量，静脉注射25%葡萄糖50～100mL，每天1～2次，连用3～5d。也可与胰岛素5～8IU混合注射；调节体内氧化还原过程，可口服柠檬酸钠或醋酸钠，每天口服15g，连服5d有效。

（四）羔羊白肌病

羔羊白肌病又称肌肉营养不良症，是饲料中缺乏微量元素硒和维生素E而引起的一种代谢障碍性疾病。以骨骼肌、心肌发生变化为主要特征，该病发生于绵羊。该病呈地方性流行，3～5周龄羔羊最容易患病，死亡率有时高达40%～60%。生长发育越快的羔羊，越容易发病，且死亡越快。

临床症状为全身衰弱，肌肉弛缓无力，有的出生后就全身衰弱，不能自行起立。行走不便，共济失调。心率快，每分钟可达200次以上；严重者心音不清，有时只能听到一个心音。一般肠音无明显变化，若肠音弱，则表明病情已严重，多有下痢，也有便秘的。可视黏膜苍白，有的发生结膜炎，角膜混浊、软化，甚至失明。呼吸浅而快，每分钟达80～90次，有的呈双重性吸气。尿呈淡红、红褐色，尿中含蛋白质和糖。

对缺硒地区，每年所生新羔羊，在出生后20d左右，开始用0.2%亚硒酸钠1mL，皮下注射或肌内注射，间隔20d后再注射1.5mL。注射开始日期最晚不超过25日龄。给妊娠母羊皮下注射一次亚硒酸钠，剂量为4～6mg，能预防新生羔羊白肌病。

对发病羔羊每只应立即用0.2%亚硒酸钠1.5～2mL，颈部皮下注射，隔20d再注射1次，如同时肌内注射维生素E 15mg，则疗效更佳。

五、中毒性疾病

（一）氢氰酸中毒

是由于羊采食或饲喂了含有氰苷的植物而引起的，临床上以呼吸困难、震颤、痉挛和突发死亡为特征的中毒性缺氧综合征。主要是羊采食过量的高粱苗、玉米苗、胡麻苗等，在胃内由于酶的水解和胃酸作用，产生游离的氢氰酸而致病。此外，误食氰化物（氰化钠、氰化钾、氰化钙）以及中药处方中杏仁、桃仁用量过大时，也可引起本病发生。

临床症状主要是腹痛不安，口流泡沫状液体，先表现兴奋，很快转入抑制状态，全身衰弱无力，站立不稳，步行摇摆，或突然倒地，呼吸困难，呼吸次数增多，张口伸舌，呼出气带有苦杏仁味。皮肤和黏膜呈鲜红色。严重的，很快失去知觉，后肢麻痹，体温下降，眼球突出，目光直视，瞳孔散大，脉搏沉细，腹部膨大，粪尿失禁，四肢发抖，肌肉痉挛，发出痛苦的鸣叫声。常因心跳和呼吸麻痹，在昏迷中死亡。主要预防措施有：

（1）用含氰苷的饲料饲喂羊时，要经过减毒处理。如用流水（或勤换水）浸24h；也可将0.2%～0.15%盐酸水溶液加入亚麻籽饼中煮。

（2）喂饲含氰苷的饲料时，量要少，最好与其他饲料混喂。

（3）禁止到生长含有氰苷植物的地区放牧。

（4）注意含氰化物农作物的管理，严防误食。

发病后迅速将亚硝酸钠0.2～0.3g加入10%葡萄糖50～100mL，缓慢静脉注射。紧接着缓慢静脉注射10%硫代硫酸钠溶液10～20mL。也可配合口服0.1%高锰酸钾溶液100～200mL，口服10%硫酸亚铁溶液10mL。还可应用强心剂、维生素C、葡萄糖、洗胃（0.1%高锰酸钾溶液）催吐（1%硫酸铜溶液）等进行治疗。

（二）有机磷中毒

本病是由于羊只接触、吸入和采食某种有机磷制剂而引起的全身中毒性疾病。该病的特点是出现以胆碱能神经过度兴奋为主的一系列症状群。病因主要是误食喷洒过有机磷农药的青草或农作物，误饮被有机磷农药污染的饮水，误把配制农药的容器当作饲槽或水桶来喂饮羊只，滥用农药驱虫等。引起羊中毒的有机磷农药主要有甲拌膦、对硫磷、乐果、敌百虫、马拉硫磷和碘依可酯等。

因制剂的化学特性以及造成中毒的具体情况等有所不同，其所表现的症状及程度差异极大，但基本上都表现为胆碱能神经受乙酰胆碱过度刺激而引起的过度兴奋现象，临床上可能表现出食欲不振，流涎，呕吐，腹泻，腹痛，多汗，尿失禁，瞳孔缩小，可视黏膜苍白，呼吸困难，支气管分泌物增多，肌纤维震颤，兴奋不安，搐搦，甚至陷于昏睡等。

预防很重要。不要在喷洒过有机磷农药的地方放牧，拌过农药的种子不要再喂羊，接触过农药的器具不要给羊盛饲料和饮水等。治疗方法主要有：

（1）清除毒物。可灌服盐类泻剂，如硫酸镁和硫酸钠 30～40g，加水适量，一次内服。

（2）解毒。及时应用特效解毒剂，常用的有两类：一类是抑制自主神经性药物（即胆碱能神经抑制剂），如阿托品；另一类是胆碱酯酶激活剂，如解磷定、氯化钠和双复磷。解磷定以每千克体重 15～30mg，溶于 100mL 的 5%葡萄糖溶液内，静脉注射；或用硫酸阿托品 10～30mg 注射。症状不减轻的，可重复应用解磷定和硫酸阿托品。

（3）对症治疗。呼吸困难者注射氯化钙；心脏及呼吸衰弱时注射尼可刹米；为了制止肌肉痉挛，可应用水合氯或硫酸镁等镇静剂。

（4）中药疗法。可用甘草滑石粉。即用甘草 0.5kg 煎水，冲服，分次灌服。第一次冲服滑石粉 30g，10min 后冲服 15g，以后每隔 15min 冲服 15g。一般 5～6 次即可见效。每次都应冲服。

（三）有机氯中毒

本病是由于羊吃了含有机氯的农药或喷洒过这种农药的农作物或饲料所致的中毒。常用的有机氯化农药主要有滴滴涕、六六六。此外，有氯丹、七氯、艾氏剂、狄氏剂、异狄氏剂和毒杀芬等。

病羊主要表现为骚动不安，肌肉震颤，阵发性或强直性痉挛以及全身性麻痹，触觉、听觉过敏现象。病羊惊叫、流涎，上下牙齿互相磕撞，眼睑痉挛，视觉障碍，可能有频尿现象。多见食欲减退和腹泻。随即顺次出现颈部、前躯和后躯的肌纤维痉挛。有时则做突进、后退、冲撞或蹦跳等无目的运动，此时还可见呼吸困难和体温升高现象。随后转为抑制，表现衰弱，共济失调，阵发性全身痉挛。病羊可能倒地，出现角弓反张或四肢做游泳动作。病的轻重程度，因制剂种类和病羊个体的不同而有较大差异。重症病例可在严重发作中，因中枢神经抑制衰竭而亡。但并非所有病例都有兴奋、痉挛、麻痹等典型经过。

治疗时，首先应排除继续接触或摄入有机氯农药的机会，为此应绝对停用可疑带毒素的饲料和饮水。对于摄入毒物不久的病例，则应尽快使之排毒或解毒。

当有机氯农药经消化道引起中毒时，应立即用生理盐水或 5%石灰水或

2%碳酸钠溶液充分洗胃。洗胃后，可灌服中性盐类泻剂，但禁用油类泻剂。

为缓解兴奋不安并解除痉挛，可用水合氯醛内服，或用苯巴比妥（剂量，25mg/kg）、氯丙嗪（剂量，2mg/kg）肌内注射或皮下注射。也可应用25%硫酸镁溶液（剂量，20～50mL/kg）肌内注射或静脉注射。

内服石灰水等碱性药物，或破坏其毒性。用石灰500g加常水1 000mL，搅拌，澄清，服用澄清液300～500mL。

经皮肤吸收中毒时，可用清水加肥皂或用5%碱水洗去皮肤上黏附的毒物。如皮肤发炎，可涂擦氧化锌软膏。

为维护肝机能，可掺入高渗葡萄糖溶液或葡萄糖酸钙注射液。

此外，对症给予B族维生素、维生素C和强心剂等，有利于病情好转。如有出血者，可给予维生素K。

中药疗法：当归20g、大黄10g、白矾10g、甘草12g，水煎服；绿豆100g、甘草末20g，先将绿豆加水磨成豆浆，混合甘草末内服。

（四）过食精饲料酸中毒

羊如果日食精饲料量超过1.5kg，就有可能引起急性酸中毒，严重者常造成死亡。临床上多数病羊在食后5～8h发病，最快的可在食后2h发病，也有的在食后12h或更长时间发病。病初表现精神沉郁，体温稍升高，很快又下降，有渴感，食欲减退或废绝，瘤胃蠕动减少或者停止，神情不安，回头顾腹，拱腰，排粪次数增加，粪呈灰白色，有酮味，后期变成恶臭味，初为稀糊状进而为面汤样，少尿或无尿。轻症者，呼吸、脉搏稍有增数，可视黏膜苍白，后期发绀。最大特点是因脱水严重而致眼球下陷，触诊瘤胃虚胀，内容物多为液体。多数病例在几小时或几天后死亡，有的逐渐恢复。实验室检查，瘤胃液pH和总酸度降低，渗透压升高，血液碱储和二氧化碳结合力也降低。

本病重在预防，严防羊只挣脱绳索偷食过量精饲料；也不要在母羊泌乳期或产后立即喂过量精饲料；阴雨天或农忙季节粗饲料不足时，要严格控制精饲料喂量。成年母羊谷物饲喂量以每天不超过1kg为宜，并分2～3次喂给。

治疗以排出毒物，强心补液，纠正酸中毒为原则。首先用开张器打开口腔，用直径为8～10mm的胃管经口腔插入瘤胃内，将羊头和胃管外端放低，有毒液体和胃内容物则可流出。然后在胃管外端接上漏斗，灌入澄清石灰水1 000～2 000mL。再将羊头放低，让其流出。如此反复冲洗数次，直到胃液呈碱性为止，最后再灌入石灰水500～1 000mL。

由于瘤胃内的有毒内容物迅速排空，使瘤胃正常发酵得以重新建立，这是治疗该病的有效方法，治愈率达96%以上。

对呼吸困难、身体衰弱、脱水严重、卧地不起的危急病例，严禁洗胃，应先强心补液，或采取其他方法对症治疗，待全身症状缓解后再行洗胃。洗胃后，对成年羊可静脉滴注5%等渗葡萄糖溶液500～1 000mL、樟脑水10mL，则疗效更佳。

（五）尿素等含氮物中毒

由于误食含氮化学肥料，或以尿素和铵盐作为饲用蛋白质代替物时超过了规定用量，引起羊只中毒。羊只尿素等含氮物中毒的特点是，由于尿素分解可产生大量的氨，吸收进入血液后，可对大脑、肝、肺、肾等产生刺激，出现神经、呼吸等系统的一系列中毒症状。表现为混合性呼吸困难，呼出气有氨味，血氨升高，大量流涎，口唇周围挂满泡沫，瘤胃臌气，腹痛、呻吟、肌肉震颤、步态踉跄，最后出汗，瞳孔散大，肛门松弛，倒地死亡。慢性少见。

预防主要在于防止羊偷食或误食含氮化学肥料。必须将尿素等含氮物与饲料充分混合均匀，而且每次喂尿素时，1h以内不要饮水；不能单纯喂给含氮补充物（粉末或颗粒），也不能混于饮水中给予；必须使羊有一个逐渐习惯于采食补充物的过程。因此，在开始时应少喂，于10～15d内达到标准规定量。

治疗以中和瘤胃内碱性物质、降低脲酶活性为原则。用食醋0.5～1kg加2倍量的水，一次内服，加入250g红糖疗效更好。对症治疗，以25%葡萄糖1 500～2 000mL、10%安钠咖30～40mL、维生素C 3～4g、维生素B_1 600～1 000mL混合，一次静脉滴注。

REFERENCES
参考文献

安兴红，王建瑶，刘其昌，2023. 贵乾半细毛羊养殖管理技术［J］. 养殖与饲料，22（4）：69－71.

薄吾成，1987. 藏羊渊源初探［J］. 农业考古（1）：276－280.

蔡烈麟，曾宪昌，李超俊，等，1992. 贵州半细毛羊理想型横交公羊的选择培育与使用研究［J］. 贵州畜牧兽医（3）：10－15.

蔡烈麟，曾宪昌，李超俊，等，1992. 贵州半细毛羊优良种群的选育研究［J］. 贵州农业科学（6）：1－6.

曹熠，宋德荣，邱家陵，等，2023. 贵州半细毛羊培育历程与养殖利用现状［J］. 草学（3）：77－80.

陈康，程朝友，张贵明，等，2016. 贵州半细毛羊生产管理探讨［J］. 农技服务，33（8）：138.

陈荣，1991. 推广贵州半细毛羊培育杂交组合的措施及效果［J］. 中国畜牧杂志，5（27）：34－35.

陈荣，雷莉萍，1991. 贵州半细毛羊培育阶段成果的推广效果与经验［J］. 草与畜杂志（3）：27.

陈荣，雷莉萍，1992. 贵州半细毛羊几个性状的观察分析［J］. 贵州农业科学（1）：34－35.

陈荣，李孟年，雷莉萍，等，1989. 贵州半细毛羊的培育近况［J］. 贵州农业科学（4）：34.

陈圣偶，等，2000. 养羊全书［M］. 成都：贵州科学技术出版社.

陈文华，1984. 简论农业考古［J］. 农业考古（2）：1－12.

陈玉林，2000. 中国绵羊的分子进化与遗传多样性研究［D］. 杨林：西北农林科技大学.

成述儒，韩建林，2005. 中国绵羊群体 mtDNAD－Loop 的遗传多样性分析［J］. 甘肃农业大学学报，8（4）：440－447.

程均华，李富祥，易鸣，等，2015. 丰草期贵州半细毛羊补饲精料育肥效果［J］. 贵州畜牧兽医，39（4）：18－20.

冯维祺，1991. 我国古代绵羊品种形成初考［J］. 农业考古（3）：338－345.

贵州省半细毛羊优良种群选育课题组，1990. 培养中的贵州半细毛羊现有水平的研究［J］. 贵州农业科学（1）：31－35.

郭振刚，宋德荣，陶果，等，2020. 不同处理方法对贵州半细毛羊同期发情效果的影响［J］.

养殖与饲料，19（12）：57-61.

郭振刚，吴瑛，彭华，等，2021. 孕酮栓＋PMSG处理对乏情期贵州半细毛羊和威宁绵羊同期发情效果的影响［J］. 中国畜牧杂志，57（6）：178-180.

郭振刚，吴瑛，吴萍，等，2021. 贵州半细毛羊胚胎移植效果［J］. 贵州农业科学，49（10）：78-82.

郭振刚，吴瑛，吴蕊汝，等，2019. 微量元素舔砖对选育后贵州半细毛羊生产性能、屠宰性能及肉质性能的影响［J］. 黑龙江畜牧兽医（22）：38-41.

胡亮，孙伟，马月辉，2019. 藏系绵羊群体遗传多样性及遗传结构分析［J］. 畜牧兽医学报，50（6）：1145-1153.

黄焕深，曾宪昌，1991. 贵州省半细毛羊生产与育种［J］. 贵州畜牧兽医（1）：12-16.

霍宾，吴婷，池永宽，等，2019. 铜污染草地施钼肥对放牧乌蒙半细毛羊铜代谢的影响［J］. 家畜生态学报，40（7）：44-49.

霍宾，吴婷，肖华，等，2019. 铜污染草地对放牧乌蒙半细毛羊矿物质元素代谢的影响［J］. 生态毒理学报，14（6）：224-232.

孔繁瑶，1982. 家畜寄生虫学［M］. 北京：农业出版社.

李丽娟，申小云，2010. 贵州半细毛羊的培育历程与养殖现状［J］. 贵州农业科学，38（11）：182-184.

李孟年，曹顺武，王洪敏，等，1991. 贵州半细毛羊的培育研究小结［J］. 贵州畜牧兽医（1）：30-35.

李祥龙，张增利，巩元芳，2006. 我国主要地方绵羊品种 mtDNAD-loop 区 PCR-RFLP 研究［J］. 遗传，28（2）：165-170.

廖党金，罗伏林，骆佳锐，等，2006. 羊对线虫和片形吸虫抵抗力的调查［J］. 中国兽医杂志，42（7）：30-31.

廖党金，骆佳锐，戴卓建，等，2006. 养殖场绵羊寄生虫病的控制技术［J］. 中国兽医学报，26（4）：439-441.

马金萍，吴道义，宋德荣，等，2017. 中药饲料添加剂对贵州半细毛羊生长性能、屠宰性能及肉质的影响［J］. 江苏农业科学，45（13）：139-141.

马章全，陈小强，马欣荣，等，2013. 国内外绒毛用羊产业发展的特点与趋势［J］. 家畜生态学报，34（7）：85-87，93.

孟雅丽，2004. 感动“上帝”别无选择——中澳羊毛贸易新对话［J］. 中国纺织（6）：66-67.

农业部，1992. 中国农业年鉴［M］. 北京：农业出版社.

农业部，2008. 中国农业年鉴［M］. 北京：中国农业出版社.

彭华，杨思维，刘其昌，等，2018. 全株玉米青贮饲料经济价值与饲喂贵州半细毛羊效果试验［J］. 黑龙江畜牧兽医（18）：148-150.

浦亚斌，马月辉，何晓红，等，2008. 我国绵羊与山羊品种资源的研究进展［J］. 中国牧业通讯（1）：11-14.

申小云，2021. 中国南方喀斯特地区饲用植物矿物质营养研究［M］. 北京：中国农业出版社.

申小云，蒋会梅，苑荣，等，2012. 草地施肥对牧草和放牧贵州半细毛羊的影响 [J]. 草业学报，21 (3)：275 - 280.

申小云，木乃尔什，2015. 凉山半细毛羊 [M]. 兰州：甘肃科技出版社.

申小云，祁彪，等，2011. 西南喀斯特山区草地生态畜牧业的研究 [M]. 兰州：兰州大学出版社.

申小云，祁彪，等，2012. 西南喀斯特山区生态环境保护的研究 [M]. 兰州：兰州大学出版社.

申小云，祁彪，等，2013. 半细毛羊的研究 [M]. 兰州：甘肃科技出版社.

申小云，汪代华，周平，2023. 中国羊品种资源 [M]. 北京：中国农业出版社.

申小云，吴佳海，2015. 贵州喀斯特山区草地畜牧业应用技术 [M]. 兰州：甘肃科技出版社.

史怀平，马章全，元冬，2013. 对我国半细毛羊产业发展的探讨 [J]. 中国草食动物科学，33 (4)：67 - 69.

宋春洁，霍宾，吴婷，等，2019. 乌蒙半细毛羊“锌缺乏症”的研究 [J]. 中国畜牧兽医，46 (6)：1677 - 1684.

宋德荣，周大荣，彭华，等，2014. 贵州半细毛羊选育前后部分性状的对比分析 [J]. 西北农业学报，23 (11)：1 - 7.

陶克艳，1991. 全国半细毛羊育种委员会工作会议在贵阳市召开 [J]. 湖北畜牧兽医 (1)：46.

陶仁华，1986. 发展专业户培育贵州半细毛羊 [J]. 贵州畜牧兽医科技 (2)：66 - 68.

王德辉，廖加法，陈浩林，等，2021. 基于贵州半细毛基础母羊的淘汰年龄研究 [J]. 中国畜禽种业，17 (2)：32 - 36.

王建元，2013. 贵州半细毛羊缺铜症的治疗与预防 [J]. 当代畜牧，5：16.

王金洲，2018. 威宁绵羊和贵州半细毛羊 *SOCS7*、*GFAP* 基因克隆、组织表达及可变剪接体分析 [D]. 贵阳：贵州大学.

王振，申小云，盘道兴，等，2015. 威宁绵羊和贵州半细毛羊 *STAT5b* 基因部分外显子 SNP 研究 [J]. 基因组学与应用生物学，34 (5)：938 - 944.

王振，申小云，盘道兴，等，2016. 威宁绵羊和贵州半细毛羊 *FecB* 基因 SNP 分析 [J]. 广东农业科学，43 (1)：130 - 135.

魏锁成，申小云，等，2007. 动物消化系统疾病 [M]. 兰州：兰州大学出版社.

吴婷，霍宾，池永宽，等，2019. 乌蒙半细毛羊慢性铜中毒的研究 [J]. 西北农林科技大学学报 (自然科学版)，47 (8)：25 - 30.

谢成侠，1985. 中国养牛羊史 (附养鹿简史) [M]. 北京：农业出版社.

徐文福，梁红玉，姜天玉，等，2012. 标准化养羊场建设 [J]. 中国畜牧兽医文摘，28 (2)：68 - 70.

杨红远，洪琼花，2011. 国内外半细毛羊现状及前景分析 [J]. 云南畜牧兽医 (2)：29 - 32.

曾宪昌，李超俊，杨光逵，等，1980. 培育贵州半细毛羊试验（第三报）[J]. 畜牧兽医科技资料（2）：1-16.

张华萍，2011. 羊寄生虫病的综合防治措施 [J]. 山东畜牧兽医（3）：48-49.

张继，吴雪，刘若余，2022. 贵州半细毛羊线粒体 D-loop 区母系遗传结构分析 [J]. 农技服务，39（8）：40-45.

张琼娣，宋德荣，刘若余，等，2015. 贵州半细毛羊 *ADAMTS1* 基因部分外显子多态性研究 [J]. 中国畜牧兽医，42（1）：172-178.

赵辉元，1996. 畜禽寄生虫与防制学 [M]. 长春：吉林科学技术出版社.

赵倩军，2007. 中国部分绵羊群体的起源、遗传多样性及保护研究 [D]. 北京：中国农业科学研究院北京畜牧兽医研究所.

赵兴波，冯继东，李宁，等，2001. 绵羊（*Ovisaries*）线粒体 DNA 的遗传变异类型研究 [J]. 自然科学进展，11（12）：1326-1328.

赵有璋，1998. 羊生产学 [M]. 北京：中国农业出版社.

浙江省文物管理委员会，1978. 河姆渡遗址第一期发掘报告 [J]. 考古学报（1）：39-111.

郑文新，肖海峰，张敏，2023. 我国绒毛用羊产业发展现状、未来发展趋势及建议 [J]. 中国畜牧杂志，59（3）：300-315.

周大荣，宋德荣，张贵明，等，2013. 贵州半细毛羊保种选育实效分析 [J]. 现代农业科技（15）：283.

朱冠群，蔡烈麟，曾宪昌，等，1993. 贵州半细毛羊品系繁育初探 [J]. 贵州畜牧兽医，2（17）：7-12.

Bernardo Chessa, Filipe Pereira, Ya-ping Zhang, et al., 2009. Revealing the History of Sheep Domestication Using Retrovirus Integrations [J]. Science, 324 (5926): 532-536.

Bromley C M, VanVleck L D, et al., 2000. Genetic correlations for litter weight weaned with growth prolificacy, and wool traits Cohimbia、Polypay、rambouillet、targhee sheep [J]. Journal of Aninal Science, 78 (4): 846-858.

Chi yong kuan, Xiong kang ning, Hu chen, et al., 2019. Effect of grazing to copper pollution meadow on copper metabolism in Wumeng semi-fine wool sheep [J]. Pol. J. Environ. Stud., 28 (3): 1083-1091.

Chi yong kuan, Zhang zhen zhen, Song chun jie, et al., 2020. Effects of fertilization on physiological and biochemical parameters of Wumeng sheep in China's Wumeng Prairie [J]. Pol. J. Environ. Stud, 29 (1): 79-85.

Guo J, Du L X, Ma Y H, et al., 2005. A novel maternal lineage revealed in sheep (Ovis aries) [J]. Anim genet, 36 (4): 331-336.

Hanford K J, Vleek L D, 2005. Estmates of genetie Parameters and genetic ehange for reprodution, weight, and wool characteristies of Rambouillet sheeP [J]. Small Rurninant Researeh (57): 175-186.

Hiendleder S, KauPe B, Wassmuth R, et al., 2002. Molecular analysis of wild and domestic sheep questions current nomenclature and provides evidence for domestication from two different subspecies [J]. Proc R Soc Lond B Biol Sci, 269: 893 - 904.

Hiendleder S, Mainz K, Plante Y, et al., 1998. Analysis of mitochondrial DNA indicates that domestic sheep are derived from two different aneestral maternal sources: noevidenee for contributions from urial and argali sheep [J]. Hered, 89: 113 - 120.

Huo bin, Wu ting, Song chun jie, Shen xiao yun, 2020. Effects of selenium deficiency in the environment on antioxidant systems of Wumen semi - fine wool sheep [J]. Pol. J. Environ. Stud, 29 (2): 1649 - 1657.

Huo bin, Wu ting, Song chun jie, Shen xiao yun, 2020. Studies of selenium deficiency in the Wumeng semi - fine wool sheep [J]. Biological trace element research, 194: 152 - 158.

Li li juan, Li yong jun, Li wen ting, et al., 2012. Polymorphism of BMP2 gene associated with growth traits in Guizhou Semi - fine wool sheep [J]. Journal of Animal and Veterinary Advance, 11 (8): 1110 - 1115.

Li yuan feng, He jian, Shen xiao yun, 2021. Effects of nano - selenium poisoning on immune function in the Wumeng semi - fine wool sheep [J]. Biological trace element research, 199: 2919 - 2924.

Li yuan feng, Wang ya chao, Shen xiao yun, 2021. Effects of sulfur fertilization on antioxidant capacity of Wumeng semi - fine wool sheep in the Wumeng Prairie [J]. Pol. J. Environ. Stud, 30 (5): 3919 - 3926.

Li yuan feng, Wang ya chao, Shen xiao yun, et al., 2021. The combinations of sulfur and molybdenum fertilizations improved antioxidant capacity of grazing Guizhou semi - fine wool sheep under copper and cadmium stress [J]. Ecotoxicology and Environmental Safety, 222.

Shen xiao yun, 2011. Studies of wool - eating ailment in Guizhou semi - fine wool sheep [J]. Agricultural Sciences in China, 10 (10): 168 - 1623.

Shen xiao yun, Chi yong kuan, Xiong kang ning, et al., 2013. Serum biochemical values and mineral contents of tissues in Guizhou semi - fine wool sheep [J]. Journal of animals and veterinary advance, 12 (11): 1078 - 1080.

Shen xiao yun, Zhang jin hua, Zhang ren duo, 2014. Phosphorus metabolic disorder of Guizhou semi - fine wool sheep [J]. PLOS ONE. PLOS ONE, 9 (2).

Shen xiao yun, Chi yong kuan, Huo bin, 2018. Effect of fertilization on ryegrass quality and mineral metabolism in grazing the Wumeng semi - fine wool sheep [J]. Fresenius Environmental Bulletin, 27 (10): 6824 - 6830.

Shen xiao yun, Chi yong kuan, Xiong kang ning, 2019. The effect of heavy metal contamination on humans and animals in the vicinity of a zinc smelting facility [J]. PLOS ONE. PLOS ONE, 14 (10).

Shen xiao yun, Min xiao ying, Zhang shi hao, et al., 2020. Effect of heavy metal contamination in the environment on antioxidant function in Wumeng semi - fine wool sheep in Southwest China [J]. Biological trace element research, 198: 505 - 514.

Shen xiao yun, Xiong kang ning, Chen yong bi, et al., 2013. Effect of fenced pasture on Mineral Metabolic in grazing semi - fine wool sheep in the Karst Mountain Areas of Southwest China [J]. Journal of animal and veterinary advances, 12 (10): 982 - 985.

Shen xiao yun, Zhang meng, Xiong kang ning, 2014. Effect of Molybdenum on sulfur metabolism in Guizhou semi - fine wool sheep in South West China Karst Mountain Area [J]. Journal of animal and veterinary advances, 13 (17): 1027 - 1030.

Song chun jie, Gan shang quan, Shen xiao yun, 2020. Effects of nano - copper poisoning on immune and antioxidant function in the Wumeng semi - fine wool sheep [J]. Biological trace element research, 198: 515 - 520.

Song chun jie, Shen xiao yun, 2020. Effects of environmental zinc deficiency on antioxidant system function in Wumeng semi - fine wool wheep [J]. Biological trace element research, 195: 110 - 116.

Tapio M, Marzanov N, Ozerov M, et al., 2006. Sheep Mitoehondrial DNA variation in European, Caueasian, and central Asian areas [J]. Mol. Biol. Evol, 23 (9): 1776 - 1783.

Wood N J, Phua S H, 1996. Variation in the control region sequenee of the sheep mitoehondrial genome [J]. Anim Genet, 27 (1): 25 - 33.

Wu ting, Shen xiao yun, 2020. Response of Wumeng semi - fine wool sheep to copper - contaminated environment [J]. Pol. J. Environ. Stud, 29 (4): 2917 - 2924.

Zhao kui, Min xiao ying, Shen xiao yun, 2021. Response of the Wumeng sheep to phosphorus deprived environment in the Southwest China [J]. Pol. J. Environ. Stud, 30 (3): 2927 - 2934.

图书在版编目（CIP）数据

贵乾半细毛羊 / 申小云等著. -- 北京 ：中国农业出版社，2025. 1. -- ISBN 978-7-109-32582-1

Ⅰ. S826.8

中国国家版本馆 CIP 数据核字第 20240PN385 号

贵乾半细毛羊

GUIQIAN BANXIMAO YANG

中国农业出版社出版

地址：北京市朝阳区麦子店街 18 号楼

邮编：100125

责任编辑：姚　佳

版式设计：王　晨　　责任校对：吴丽婷

印刷：北京中兴印刷有限公司

版次：2025 年 1 月第 1 版

印次：2025 年 1 月北京第 1 次印刷

发行：新华书店北京发行所

开本：700mm×1000mm　1/16

印张：9.25

字数：176 千字

定价：78.00 元
